职业教育"十三五"改革创新规划教材

电工技术基础与技能

（电类专业通用）

尚川川　庞新民　主　编

孙英祥　张立永　副主编

清华大学出版社

北　京

内 容 简 介

本书是职业教育"十三五"改革创新规划教材,依据教育部 2009 年颁布的《中等职业学校电工技术基础与技能教学大纲》,并参照相关的国家职业技能标准编写而成。

本书主要内容包括认识实训室与安全用电,认识基本电路,认识简单直流电路,认识复杂直流电路,认识电容和电感,认识磁场和电磁感应,认识电动机和变压器,认识单相正弦交流电路,认识三相交流电路。本书配套有电子教案、多媒体课件、习题库等丰富的网上教学资源,可免费获取。

本书可作为中等职业学校电类、机电类及相关专业学生的教材,也可作为岗位培训用书。

本书封面贴有清华大学出版社防伪标签,无标签者不得销售。

版权所有,侵权必究。 举报:010-62782989,beiqinquan@tup.tsinghua.edu.cn。

图书在版编目(CIP)数据

电工技术基础与技能:电类专业通用/尚川川,庞新民主编.—北京:清华大学出版社,2016(2021.8重印)
(职业教育"十三五"改革创新规划教材)
ISBN 978-7-302-43745-1

Ⅰ. ①电… Ⅱ. ①尚… ②庞… Ⅲ. ①电工技术-高等职业教育-教材 Ⅳ. ①TM

中国版本图书馆 CIP 数据核字(2016)第 092655 号

责任编辑:刘翰鹏
封面设计:张京京
责任校对:袁 芳
责任印制:丛怀宇

出版发行:清华大学出版社
　　　　网　　　址:http://www.tup.com.cn,http://www.wqbook.com
　　　　地　　　址:北京清华大学学研大厦 A 座　　　　　邮　　编:100084
　　　　社 总 机:010-62770175　　　　　　　　　　　邮　　购:010-62786544
　　　　投稿与读者服务:010-62776969,c-service@tup.tsinghua.edu.cn
　　　　质量反馈:010-62772015,zhiliang@tup.tsinghua.edu.cn
　　　　课件下载:http://www.tup.com.cn,010-62770175-4278
印 装 者:涿州市京南印刷厂
经　　销:全国新华书店
开　　本:185mm×260mm　　　　印　　张:13.75　　　字　　数:314 千字
版　　次:2016 年 11 月第 1 版　　　　　　　　　　印　　次:2021 年 8 月第 4 次印刷
定　　价:37.00 元

产品编号:068762-01

FOREWORD

前言

本书是职业教育"十三五"改革创新规划教材，依据教育部 2009 年颁布的《中等职业学校电工技术基础与技能教学大纲》，并参照相关的国家职业技能标准编写而成。通过本书的学习，可以使学生掌握必备实训室与安全用电，基本电路，简单直流电路，复杂直流电路，电容和电感，磁场和电磁感应，电动机和变压器，单相正弦交流电路，三相交流电路等知识与技能。本书在编写过程中吸收企业技术人员参与教材编写，紧密结合工作岗位，与职业岗位对接；选取的案例贴近生活、贴近生产实际；将创新理念贯彻到内容选取、教材案例等方面。

本书通过设计不同的项目，让学生多角度、多方位学习电工技术基础与技能，共有 9 个项目，32 个任务：每个项目的学习过程都是以完成项目的具体要求进行的，体现以工作过程为导向的教育理念。同时项目中增加了技能训练和达标检测，提高学生的技能水平，对学生进行知识检测。

本书在编写时努力贯彻教学改革的有关精神，严格依据教学大纲的要求，努力体现以下特色。

1. 以能力为本位，重视实践能力培养，突出"做学合一"的职教特色

（1）以人才市场调查和职业能力分析为基础，贯彻以就业为导向、以能力为本位、以素质为基础、以企业需求和学生发展为目标的思想，注重最新国家规范、行业标准、生产实践。根据行业专家对专业所涵盖职业岗位群进行的工作任务和职业能力分析，以专业共同具备的岗位职业能力为依据，遵循学生认知规律，紧密结合职业资格证书的要求，确定本课程的教学项目和教学任务。

（2）本书编写紧扣新大纲要求，内容立足体现为专业培养目标服务，定位科学、合理、准确，力求降低理论知识点的难度；改变过去重理论轻实践、重知识轻技能的现象，注重专业实践教学环节，强化实践技能训练，使学生达到既有操作技能，又懂得电工知识，实现"练"有所思，"学"有所悟，满足专业培养的需要。

（3）本书内容力求达到科学、实用、创新，注重"通用性教学内容"与"特殊性教学内

容"的协调配置,结构上体现"理实一体"的思想,做到通俗易懂、标准新、内容新、指导性强,突出实践性和指导性,拉近现场与课堂教学的距离,丰富学生的感性认识,突出了"做中学、做中教"的职业教育特色。

2. 以工作项目为结构,工作任务为载体,创新编写体例

(1)以国家职业资格标准为依据,确定培养目标的知识点和技能点;以项目方式为结构,以工作过程为导向,以工作任务为载体,将围绕工作任务的基本知识、专业知识和实践知识构成基本项目、任务;通过完成一个个基本项目、任务来达到教学目标。

(2)本书编写时,每个工作项目给出项目描述,确定对应的知识、能力、素养目标,列出工作任务,教学过程由工作任务目标分析、相关知识学习、知识拓展、技能训练、任务测评、项目小结、达标检测等环节组成。通过知识拓展突出了电工技能的新技术、新知识、新工艺和新材料等内容。

(3)本书围绕项目的完成过程展开课程内容,适合采取任务驱动、学做一体的教学方法,融理论教学、实践教学、生产、技术服务于一体,将现场需求与实践应用引入教学内容,激发学生的学习兴趣。让学生在专业技能的训练过程中形成良好的工作习惯和工作方法。

3. 以学生为中心,注重学生职业素养、职业能力的培养

(1)体现"以学生为中心"的教育理念,紧扣学生实际,面向学生个性发展需要,从学生的职业素养、职业基础、职业能力、职业习惯和职业规范等方面组织教学内容,在项目实施中创造相互交流、相互探讨的学习氛围,力求达到学生"学得懂、学得进、学得会",培养学生的分析能力和自学能力。

(2)通过技能训练的方式,强化学生职业能力的养成,达到学生的就业观与自己的能力水平的对接;同时创设学与教,学生与教师互动的职业教学情境,使学生掌握正确的学习方法;让学生充分运用现代"互联网＋"信息化、网络化、数字化资源,进行信息处理与分析,解决实际问题,在活动过程中学习知识、掌握技能。

本书建议学时为 96 学时,具体学时分配见下表。

项　　目	建议学时	项　　目	建议学时	项　　目	建议学时
项目 1	8	项目 4	12	项目 7	10
项目 2	12	项目 5	10	项目 8	12
项目 3	10	项目 6	12	项目 9	10
总　　计			96		

本书由尚川川、庞新民担任主编,孙英祥、张立永担任副主编,参加编写工作的还有朱珊珊、陈菲、纪雷、隋雨君、毛峰、崔丽丽等。

本书在编写过程中参考了大量的文献资料,在此向文献资料的作者致以诚挚的感谢。由于编写时间仓促及编者水平有限,书中难免有不妥之处,恳请广大读者批评、指正。了解更多教材信息,请关注微信订阅号:Coibook。

编　者
2016 年 9 月

CONTENTS

目 录

项目 1

认识实训室与安全用电

 知识目标

(1) 能理解电工实训室使用规则；

(2) 能掌握电工实训安全操作规程；

(3) 能熟悉触电的类型，并知道引起触电的原因。

 能力目标

(1) 能学会常用电工工具的使用；

(2) 能学会万用表、钳型电流表、摇表的使用；

(3) 能学会口对口人工呼吸、胸外按压等触电急救的方法。

 素养目标

(1) 能养成严谨细致、一丝不苟、实事求是的科学态度和探索精神；

(2) 能形成严谨认真的工作态度，具备工作岗位的安全操作意识。

 项目导入

电的发现和应用极大地节省了人类体力劳动和脑力劳动，使人类的力量长上了翅膀，使人类的信息触角不断延伸，使电工信息技术得到了新的发展。电对人类生活的影响有两方面：能量的获取转化和传输,信息处理。在电工实训时,如图1-1所示,我们要学会专业的核心技能,提升自身的综合素质与职业能力。作为一名维修电工不仅懂得机械设备和电气系统线路及器件的安装、调试、维护、修理,具备安全用电的基本常识,学会触电急救的方法,更应该熟悉基本的安全操作规程、岗位操作规范。接下来让我们一起认识电工实训室、学会如何安全用电。

图1-1　维修电工实训

任务1.1　认识电工实训室

任务目标

(1) 能熟悉电工实验实训室电源配置;
(2) 能掌握电工实验实训室操作规程;
(3) 能具备电工基本知识和工作范围内的安全操作规范。

走进电工实验实训室,如图1-2所示,你将会看到各种不同的电工实验实训台,如图1-3所示,一般的电工实验实训室操作都可以在操作台上完成,不同学校操作台型号可能有所不同,但其配置与功能基本相同。

图1-2　电工实验室训室

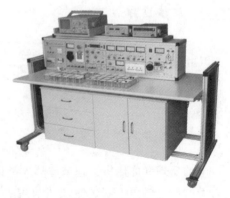

图1-3　电工实训台

1.1.1　电工实验实训室电源配置

电源是为电路提供电能的装置，一般的电工实验实训室都配有多组电源，以满足不同的电工实验实训的需要。电源通常有直流和交流两大类，直流用字母"DC"或符号"—"表示；交流用字母"AC"或符号"～"表示。通常，电工实验实训室中的电源配置有以下几种。

1. 双组可调直流稳压电源

双组可调直流稳压电源如图 1-4 所示，通过调节电压调节开关，可输出 0～24V 的电压；通过电流调节开关，可输出 0～2A 的电流。

2. 3～24V 多挡低压交流电源输出

3～24V 多挡低压交流电源输出如图 1-4 所示，通过调节转换开关，可输出 3V、6V、9V、12V、15V、18V、24V 共 7 个挡位的交流电，频率为 50Hz。

3. 单相交流电源

单相交流电源如图 1-4 所示，其中 4 个并列的三孔插座可输出 220V、50Hz 的交流电，还带有接地线。

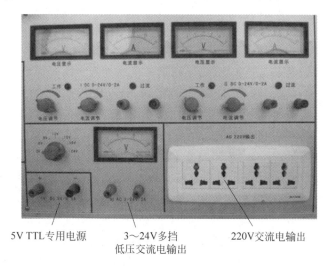

5V TTL专用电源　　3～24V多挡　　　　220V交流电输出
　　　　　　　　低压交流电输出

图 1-4　单相交流电源和直流电源配置

4. TTL 电源

直流 5V 电源如图 1-4 所示，可输出电压为 5V、最大电流为 0.5A 的直流电源，是 TTL 集成电路的专用电源。

5. 三相交流电源输出

三相交流电源输出如图 1-5 所示，其中 U、V、W 为相线（火线），N 为中性线（零线），E 为地线。

三相交流电源除了能提供三相交流电以外，还可以提供两种电压：①线电压：380V、

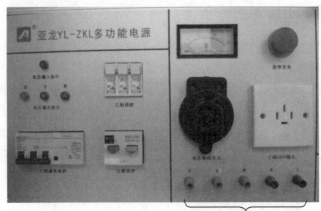

U、V、W为相线(火线)，N为中性线(零线)，E为地线

图1-5　三相交流电源配置

50Hz；②相电压：220V、50Hz。线电压是每两根相线之间的电压，相电压是任一相线与中性线之间的电压。

1.1.2　电工实验实训室操作规程

（1）实验实训前必须做好准备工作，按规定的时间进入实验实训室，到达指定的工位，未经同意，不得私自调换。

（2）不得穿拖鞋进入实验实训室，不得携带食物进入实验实训室，不得让无关人员进入实验实训室，不得在室内喧哗、打闹、随意走动，不得乱摸乱动有关电气设备。

（3）任何电气设备内部未经验明无电时，一律视为有电，不准用手触及，任何接、拆线都必须切断电源后方可进行。

（4）实训前必须检查工具、测量仪表和防护用具是否完好，如发现不安全情况，应立即报告老师，以便及时采取措施，电器设备安装检修后，须经检验后方可使用。

（5）实践操作时，思想要高度集中，操作内容必须符合教学需要，不准做任何与实验实训无关的事。

（6）要爱护实验实训工具、仪器仪表、电气设备和公共财物。

（7）凡因违反操作规程或擅自动用其他仪器设备造成损坏者，由事故人作出书面检查，视情节轻重进行赔偿，并给予批评或处分。

（8）保持实验实训室整洁，每次实验实训后要清理工作场所，做好设备清洁和日常维护工作，经老师同意后方可离开。

1.1.3　电工应具备的安全知识

维修电工必须接受安全教育，在掌握电工基本知识和工作范围内的安全操作规程后，才能参加电工的实际操作。

1. 维修电工应具备的条件

（1）必须身体健康、精神正常。凡患有高血压、心脏病、气管哮喘、神经系统疾病、色盲疾病、听力障碍及四肢功能有严重障碍者,不能从事维修电工工作。

(2)必须通过正式的技能鉴定站考试合格并持有维修电工操作证。

(3)必须学会和掌握触电紧急救护方法和人工呼吸方法等。

2. 维修电工人身安全知识

(1)在进行电气设备安装和维修操作时,必须严格遵守各种安全操作规程和规定,不得玩忽职守。

(2)对停电部分操作,要切实做好防止突然送电的各项安全措施,如挂上"有人工作,不许合闸!"的警示牌,锁上闸刀或取下总电源保险器等。

(3)在邻近带电部分操作时,要保证有可靠的安全距离。

(4)操作前应仔细检查操作工具的绝缘性能,检查绝缘鞋、绝缘手套等安全用具的绝缘性能是否良好,有问题的应立即更换,并应定期进行检查。

(5)登高工具必须安全可靠,未经登高训练的,不准进行登高作业。

(6)如发现有人触电,要立即采取正确的抢救措施。

3. 设备运行安全知识

(1)对于已经出现故障的电气设备、装置及线路,不应继续使用,以免事故扩大,必须及时进行检修。

(2)必须严格按照设备操作规程进行操作,接通电源时必须先合隔离开关,再合负荷开关;断开电源时,应先切断负荷开关,再切断隔离开关。

(3)当需要切断故障区域电源时,要尽量缩小停电范围。有分路开关的,要尽量切断故障区域的分路开关,尽量避免越级切断电源。

(4)电气设备一般不能受潮,要有防止雨雪、水气侵袭的措施。电气设备在运行时会发热,因此必须保持良好的通风条件,有的还要有防火措施。有裸露带电的设备,特别是高压电气设备要有防止小动物进入造成短路事故的措施。

(5)所有电气设备的金属外壳,都应有可靠的保护接地措施。凡有可能被雷击的电气设备,都要安装防雷设施。

 知识拓展

图1-6所示为维修电工技能实训考核装置。实验台为铝合金骨架,由实训器件、功能模块、实验桌等组成,结构牢固、规格标准、外形美观大方。采用可拆分式"模块"结构,具有任意组合,利于功能升级;同时也解决了整机维修难的问题;采用接插式实验模式,实验插座拼插完成后自成电气图形,无须进行烦琐、杂乱的单线连接,而且更换电器元件简单、方便;可进行手动电动机正转控制线路的实训项目,接触器自锁电动机正转控制线路的实训项目等。

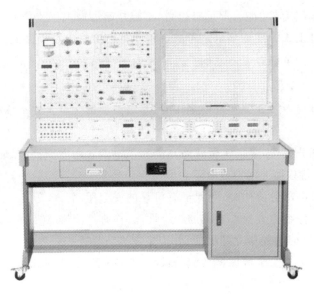

图 1-6　维修电工技能实训考核装置

任务 1.2　认识常见的电工工具及仪表

任务目标

(1) 能掌握基本电工工具的使用方法;

(2) 能够运用万用表进行电子元器件的实际测量;

(3) 能学会钳型电流表、摇表的使用。

1.2.1　常用电工工具

常用电工工具有老虎钳、尖嘴钳、斜口钳、剥线钳、电工刀、螺丝刀、试电笔、电烙铁等。部分电工工具的用途见表 1-1。

表 1-1　部分常用电工工具及其用途

序号	名　　称	实　物　图	主　要　用　途
1	钢丝钳(老虎钳)		用于剪切或夹持导线、工件等,其中钳口用来弯绞和钳夹导线线头;齿口用来剪切或剖削导线绝缘层;铡口用来铡切导线线芯、钢丝或铅丝等较硬金属丝

续表

序号	名　称	实　物　图	主　要　用　途
2	尖嘴钳		主要用于切断细小的导线、金属丝；夹持小螺钉、垫圈及导线等元件，还能将导线端头弯曲成所需的各种形状
3	断线钳(斜口钳)		主要用于剪断较粗的电线、金属丝及导线电缆
4	剥线钳		用来剥削小直径导线绝缘层，它的钳口有 0.5～3mm 多个不同孔径的切口，可以剥削截面积 6mm² 以下不同规格导线的绝缘层
5	电工刀		用来剥削导线绝缘层，切割木台缺口、削制木榫等，剥削导线绝缘层时，刀面与导线应成小于45°的锐角，以免削伤线芯

　　螺丝刀也叫起子或改锥，是用来紧固或拆卸螺钉的工具。按照其功能和头部形状的不同，可分为一字形和十字形两种。

　　试电笔简称电笔，是用来测试线路、开关、插座等电器及电气设备是否带电的工具。常用的试电笔有钢笔式和螺丝刀式两种，检测电压的范围为 60～500V。

　　电烙铁也是电工电子实训室中最常用的工具之一，有内热式和外热式两种。内热式电烙铁的烙铁心安装在烙铁头的内部，体积小，热效率高，通常几十秒就可化锡焊接；外热式电烙铁的烙铁头安装在烙铁心内，体积比较大，热效率低，通电以后烙铁头化锡时间长达几分钟。在使用电烙铁焊接时，必须有锡条作焊料，为提高焊接质量，一般还要辅以助焊剂，如松香或焊锡膏，用于清除焊接物表面和清除熔锡中的杂质。

1.2.2　常用电工仪器仪表和电工工具

　　常用电工仪器仪表有电流表、电压表、万用表、示波器、毫伏表、频率计、兆欧表、钳形电流表、信号发生器和单相调压器等。图 1-7 所示为部分常用电工仪器仪表。

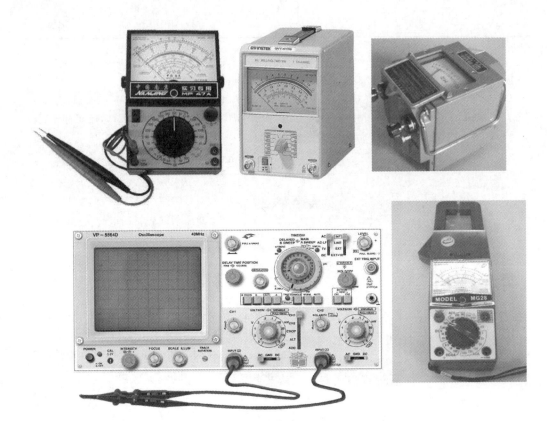

图 1-7　部分常用电工仪器仪表

1. 指针式万用表

万用电表简称万用表,是一种多功能、多量程、便于携带的电工仪表。它可以用来测量直流电流、电压,交流电流、电压,电阻以及晶体管直流放大倍数等。万用表一般分为指针式和数字式两种。

指针式万用表面板结构一般包括刻度尺、量程选择开关、机械零位调节旋钮、欧姆挡零位调节旋钮、供接线用的插孔等。以常见的 MF47 型万用电表为例,其面板如图 1-8 所示。

面板由五部分组成,各部分的功能如下。

(1) 刻度尺:显示各种被测量的数值及范围。

(2) 量程选择开关:根据具体情况转换不同的量程、不同的物理量。

(3) 机械零位调节旋钮:用于校准指针的机械零位。

(4) 欧姆挡零位调节旋钮:用来进行电气零位调节。

(5) 插孔:用来外接测试表笔。

2. 数字式万用表

数字式万用表又称为万用计、多用计、多用电表,或三用电表,是一种多用途电子测量仪器。数字式万用表可以进行以下测量:电阻的测量,直流、交流电压的测量,直流、交流电流的测量,二极管的测量,三极管的测量。

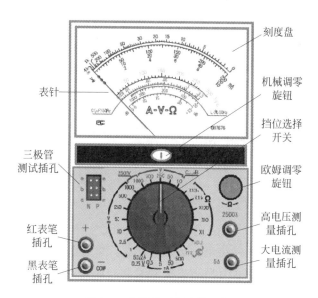

图 1-8 指针式万用表的面板

（1）电阻的测量

测量步骤：

① 首先红表笔插入 VΩ 孔，黑表笔插入 COM 孔。

② 量程旋钮打到"Ω"量程挡适当位置。

③ 分别用红、黑表笔接到电阻两端金属部分。

④ 读出显示屏上显示的数据，如图 1-9 所示。

（2）直流电压的测量

测量步骤：

① 红表笔插入 VΩ 孔。

② 黑表笔插入 COM 孔。

③ 量程旋钮打到 V—或 V～适当位置。

④ 读出显示屏上显示的数据，如图 1-10 所示。

图 1-9 测电阻

图 1-10 测电压

（3）交流电压的测量

测量步骤：

① 红表笔插入 VΩ 孔。

② 黑表笔插入 COM 孔。

③ 量程旋钮打到 V—或 V~适当位置。

④ 读出显示屏上显示的数据，如图 1-11 所示。

（4）直流电流的测量

测量步骤：

① 断开电路。

② 黑表笔插入 COM 端口，红表笔插入 mA 或者 20A 端口。

③ 功能旋转开关打至 A~（交流）或 A—（直流），并选择合适的量程。

④ 断开被测线路，将数字式万用表串联到被测线路中，被测线路中电流从一端流入红表笔，经万用表黑表笔流出，再流入被测线路中。

⑤ 接通电路。

⑥ 读出 LCD 显示屏数字，如图 1-12 所示。

图 1-11　测交流电压

图 1-12　测直流电流

（5）交流电流的测量

测量步骤：

① 断开电路。

② 黑表笔插入 COM 端口，红表笔插入 mA 或者 20A 端口。

③ 功能旋转开关打至 A~（交流）或 A—（直流），并选择合适的量程。

④ 断开被测线路，将数字式万用表串联到被测线路中，被测线路中电流从一端流入。

⑤ 断开被测线路，将数字式万用表串联到被测线路中，被测线路中电流从一端流入红表笔，经万用表黑表笔流出，再流入被测线路中。

⑥ 接通电路。

⑦ 读出 LCD 显示屏数字,如图 1-13 所示。

(6) 电容的测量

测量步骤:

① 将电容两端短接,对电容进行放电,确保数字式万用表的安全。

② 将功能旋转开关打至电容"F"测量挡,并选择合适的量程。

③ 将电容插入万用表 CX 插孔。

④ 读出 LCD 显示屏上数字,如图 1-14 所示。

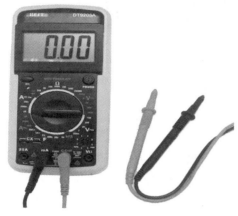

图 1-13　测交流电流

图 1-14　测电容

(7) 二极管的测量

测量步骤:

① 红表笔插入 VΩ 孔,黑表笔插入 COM 孔。

② 转盘打在(━▷┝━)挡。

③ 判断正负。

④ 红表笔接二极管正极,黑表笔接二极管负极。

⑤ 读出 LCD 显示屏上的数据。

⑥ 两表笔换位,若显示屏上为"1",正常;则此管被击穿,如图 1-15 所示。

(8) 三极管的测量

测量步骤:

① 红表笔插入 VΩ 孔,黑表笔插入 COM 孔。

② 转盘打在(━▷┝━)挡。

③ 找出三极管的基极 b。

④ 判断三极管的类型(PNP 型或者 NPN 型)。

⑤ 转盘打在 h_{FE} 挡。

⑥ 根据类型插入 PNP 或 NPN 插孔测 β 值。

⑦ 读出显示屏中 β 值,如图 1-16 所示。

图 1-15　测二极管　　　　　　　　　　图 1-16　测三极管

3. 钳形电流表使用

用一般电流表测量电流时,通常需要将电路切断才能将电流表接入,在工作实际中往往不允许断电停机。若使用钳形电流表则可轻易解决这样的问题,钳形电流表具有不切断电路就能测量电流的特点。现以 DM6266 数字式钳形表为例介绍其使用方法。钳形电流表结构图及实物如图 1-17 所示。

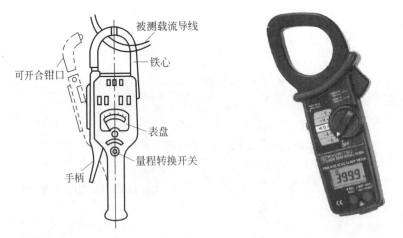

图 1-17　钳形电流表结构图及实物图

（1）交流电流测量

测量步骤:

① 将转换开关置于交流电流 1000A 挡。

② 将保持开关置于放松状态。

③ 按下钳头扳机,打开钳头,钳住一根被测导线,如果钳住两根以上导线则测量无效。

④ 读取数值。如果读数小于 200A,应重新选择挡位(可将开关旋置于交流电流

200A挡),以提高测量准确度。如果因环境条件限制,在暗处无法读数,可按下保持键,拿到亮处读取读数。

(2)交、直流电压测量

测量步骤:

① 测量直流电压时,将转换开关置于直流电压1000V挡;测量交流电压时,将转换开关置于交流电压750V挡。

② 保持开关处于放松状态。

③ 将红表笔插入"VΩ"插孔中,黑表笔插入"COM"插孔中。

④ 将红、黑表笔并联到被测线路中测量读数。测量直流电压可不考虑电路的极性,该表具有自动识别极性的功能。

4. 兆欧表

兆欧表又称摇表,是用来测量被测设备的绝缘电阻和高值电阻的仪表,如图1-18所示。它由一个手摇发电机、表头和三个接线柱(即 L:线路端、E:接地端、G:屏蔽端)组成。

(1)选用原则

① 额定电压等级的选择。一般情况下,额定电压在500V以下的设备,应选用500V或1000V的摇表;额定电压在500V以上的设备,应选用1000~2500V的摇表。

② 电阻量程范围的选择。摇表的表盘刻度线上有两个小黑点,小黑点之间的区域为准确测量区域。所以在选表时应使被测设备的绝缘电阻值在准确测量区域内。

(2)使用方法

① 校表。测量前应将摇表进行一次开路和短路试验,检查摇表是否良好。将两连接线开路,摇动手柄,指针应指在"∞"处,再把两连接线短接一下,指针应指在"0"处,符合上述条件者即良好,否则不能使用。

图1-18 指针式兆欧表

② 被测设备与线路断开,对于大电容设备还要进行放电。

③ 选用电压等级符合的摇表。

④ 测量绝缘电阻时,一般只用"L"和"E"端,但在测量电缆对地的绝缘电阻或被测设备的漏电流较严重时,就要使用"G"端,并将"G"端接屏蔽层或外壳。线路接好后,可按顺时针方向转动摇把,摇动的速度应由慢而快,当转速达到每分钟120转左右时(ZC-25型),保持匀速转动,1min后读数,并且要边摇边读数,不能停下来读数。

⑤ 拆线放电。读数完毕,一边慢摇,一边拆线,然后将被测设备放电。放电方法是将测量时使用的地线从摇表上取下来与被测设备短接一下即可(不是摇表放电)。

(3)注意事项

① 禁止在雷电时或高压设备附近测绝缘电阻,只能在设备不带电,也没有感应电的情况下测量。

② 摇测过程中,被测设备上不能有人工作。

③ 摇表线不能绞在一起,要分开。

④ 摇表未停止转动之前或被测设备未放电之前,严禁用手触及。拆线时,也不要触及引线的金属部分。

⑤ 测量结束时,对于大电容设备要放电。

⑥ 要定期校验摇表的准确度。

 知识拓展

　　接地电阻测试仪是检验测量接地电阻的常用仪表,也是电气安全检查与接地工程竣工验收不可缺少的工具,如图 1-19 所示。近年来由于计算机技术的飞速发展,接地电阻测试仪也融入了大量的微处理机技术,其测量功能、内容与精度是一般仪器所不能相比的。目前先进接地电阻测试仪能满足所有接地测量要求,运用新式钳口法,无须打桩放线才可在线直接测量。

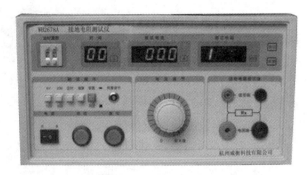

图 1-19　接地电阻测试仪

任务 1.3　学会触电急救

 任务目标

　　(1) 能掌握触电急救的方式;

　　(2) 能掌握触电急救的基本步骤;

　　(3) 能学会口对口人工呼吸、胸外按压等触电急救的方法。

1.3.1　触电急救

1. 触电方式

(1) 单相触电:人体接触一根火线所造成的触电事故,单相触电形式最为常见。

（2）两相触电：人体同时接触两根火线造成的触电事故。

（3）跨步电压触电：偶有一相高压线断落在地面时，电流通过落地点流入大地，此落地点周围形成一个强电场，距落地点越近，电压越高。影响范围约10m，当人进入此范围时，两脚之间的电位不同，就形成跨步电压，跨步电压通过人体的电流就会使人触电，如图1-20所示。

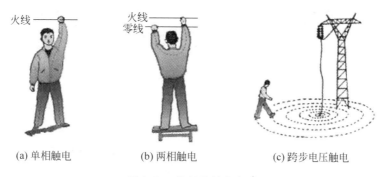

(a) 单相触电　　　　　　(b) 两相触电　　　　　　(c) 跨步电压触电

图 1-20　常见的触电方式

（4）雷击触电：雷云对地面凸出物产生放电，它是一种特殊的触电方式，雷击感应电压高达几十至几百万伏，危害性极大。

2. 触电急救原则

进行触电急救，应坚持迅速、就地、准确、坚持的原则。触电急救必须分秒必争，立即就地迅速用心肺复苏法进行抢救，并坚持不断地进行，同时及早与医疗部门联系，争取医务人员接替救治。在医务人员未接替救治前，不应放弃现场抢救，更不能只根据没有呼吸或脉搏擅自判定伤员死亡，放弃抢救，只有医生有权作出伤员死亡的诊断。

1.3.2 触电急救步骤

1. 脱离电源

（1）触电急救，首先要使触电者迅速脱离电源，越快越好。电流作用的时间越长，伤害越重。

（2）脱离电源就是要把触电者接触的那一部分带电设备的开关、刀闸或其他断路设备断开；或设法将触电者与带电设备脱离。在脱离电源中，救护人员既要救人，也要注意保护自己。

（3）触电者未脱离电源前，救护人员不准直接用手触及伤员，因为有触电的危险。

（4）如触电者处于高处，触脱电源后会自高处坠落，因此，要采取预防措施。

（5）触电者触及低压带电设备，救护人员应设法迅速切断电源，如拉开电源开关或刀闸，拔除电源插头等；或使用绝缘工具、干燥的木棒、木板、绳索等不导电的东西解脱触电者；也可抓住触电者干燥而不贴身的衣服，将其拖开，要避免碰到金属物体和触电者的裸露身躯；也可戴绝缘手套或将手用干燥衣物等包起绝缘后解脱触电者；救护人员也可站在绝缘垫或干木板上进行救护。

为使触电者与导电体解脱，最好用一只手进行。如果电流通过触电者入地，并且触电者紧握电线,可设法用干木板塞到身下,使其与地隔离,也可用干木把斧子或有绝缘柄的钳子等将电线剪断。剪断电线要分相,一根一根地剪断,并尽可能站在绝缘物体或干木板上,如图 1-21 所示。

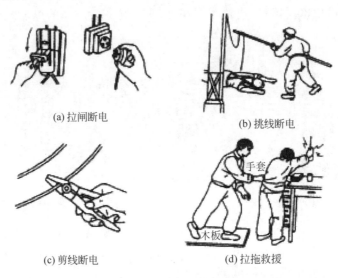

(a) 拉闸断电

(b) 挑线断电

(c) 剪线断电

(d) 拉拖救援

图 1-21 脱离电源方式

(6) 触电者触及高压带电设备,救护人员应迅速切断电源,或用适合该电压等级的绝缘工具(戴绝缘手套、穿绝缘靴并用绝缘棒)解脱触电者。救护人员在抢救过程中应注意保持自身与周围带电部分必要的安全距离。

(7) 如果触电发生在架空线杆上,如为低压带电线路,若可能立即切断线路电源的,应迅速切断电源,或者由救护人员迅速登杆,束好自己的安全皮带后,用带绝缘胶柄的钢丝钳、干燥的不导电物体或绝缘物体将触电者拉离电源;如为高压带电线路,又不可能迅速切断电源开关的,可采用抛挂足够截面的适当长度的金属短路线方法,使电源开关跳闸。抛挂前,将短路线一端固定在铁塔或接地引下线上,另一端系重物,但抛掷短路线时,应注意防止电弧伤人或断线危及人员安全。无论是何级电压线路上触电,救护人员在使触电者脱离电源时要注意防止发生高处坠落的可能和再次触及其他有电线路的可能。

(8) 如果触电者触及断落在地上的带电高压导线,且尚未确认线路无电,救护人员在未做好安全措施(如穿绝缘靴或临时双脚并紧跳跃地接近触电者)前,不能接近断线点至8~10m 范围内,防止跨步电压伤人。

(9) 救护触电伤员切除电源时,有时会同时使照明失电,因此应考虑使用事故照明、应急灯等临时照明。新的照明要符合使用场所防火、防爆的要求,但不能因此延误切除电源和进行急救。

2. 伤员脱离电源后的处理

(1) 触电伤员如神志清醒,应使其就地躺平,严密观察,暂时不要站立或走动。

(2) 触电伤员如神志不清,应就地仰面躺平,且确保气道通畅,并用 5s 时间,呼叫伤员或轻拍其肩部,以判定伤员是否意识丧失。禁止摇动伤员头部呼叫伤员。

(3) 需要抢救的伤员,应立即就地坚持正确抢救,并设法联系医疗部门接替救治。

(4) 呼吸、心跳情况的判定。

① 触电伤员如意识丧失,应在 10s 内,用看、听、试的方法,判定伤员呼吸心跳情况。看——看伤员的胸部、腹部有无起伏动作;听——听伤员的口鼻处,有无呼气声音;试——试口鼻有无呼气的气流。再用两手指轻试一侧(左或右)喉结旁凹陷处的颈动脉有无搏动。

② 若看、听、试结果,既无呼吸又无颈动脉搏动,可判定呼吸、心跳停止。

1.3.3 心肺复苏法

触电伤员呼吸和心跳均停止时,应立即按通畅气道、口对口(鼻)人工呼吸、胸外按压(人工循环)的三项基本措施,正确进行就地抢救。

1. 通畅气道

(1) 触电伤员呼吸停止,重要的是始终确保气道通畅。如发现伤员口内有异物,可将其身体及头部同时侧转,迅速用一个手指或用两手指交叉从口角处插入,取出异物,操作中要注意防止将异物推到咽喉深部。

(2) 通畅气道可采用仰头抬颏法。用一只手放在触电者前额,另一只手的手指将其下颌骨向上抬起,两手协同将头部推向后仰,舌根随之抬起,气道即可通畅,如图 1-22 所示。严禁用枕头或其他物品垫在伤员头下,头部抬高前倾,会更加重气道阻塞,且使胸外按压时流向脑部的血流减少,甚至消失。

2. 口对口(鼻)人工呼吸

(1) 在保持伤员气道通畅的同时,救护人员用放在伤员额上的手指捏住伤员鼻翼,救护人员深吸气后,与伤员口对口紧合,在不漏气的情况下,先连续大口吹气两次,每次 1~1.5s,如图 1-23 所示。如两次吹气后试测颈动脉仍无搏动,可判断心跳已经停止,要立即同时进行胸外按压。

图 1-22　仰头抬颏法

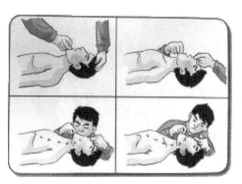

图 1-23　口对口(鼻)人工呼吸

(2) 除开始时大口吹气两次外,正常口对口(鼻)呼吸的吹气量不需过大,以免引起胃膨胀。吹气和放松时要注意伤员胸部应有起伏的呼吸动作。吹气时如有较大阻力,可能是头部后仰不够,应及时纠正。

(3)触电伤员如牙关紧闭,可口对鼻人工呼吸。口对鼻人工呼吸吹气时,要将伤员嘴唇紧闭,防止漏气。

3. 胸外按压

(1)正确的按压位置是保证胸外按压效果的重要前提。确定正确按压位置的步骤如下:

① 右手的食指和中指沿触电伤员的右侧肋弓下缘向上,找到肋骨和胸骨接合处的中点。

② 两手指并齐,中指放在切迹中点(剑突底部),食指平放在胸骨下部。

③ 另一只手的掌根紧挨食指上缘,置于胸骨上,即为正确按压位置,如图1-24所示。

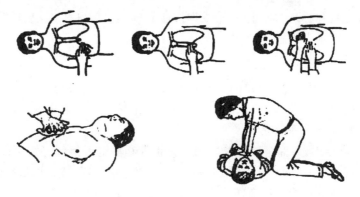

图1-24　胸外按压

(2)正确的按压姿势是达到胸外按压效果的基本保证。正确的按压姿势如下:

① 使触电伤员仰面躺在平硬的地方,救护人员立或跪在伤员一侧肩旁,救护人员的两肩位于伤员胸骨正上方,两臂伸直,肘关节固定不屈,两手掌根相叠,手指翘起,不接触伤员胸壁。

② 以髋关节为支点,利用上身的重力,垂直将正常成人胸骨压陷3~5cm(儿童和瘦弱者酌减)。

③ 压至要求程度后,立即全部放松,但放松时救护人员的掌根不得离开胸壁。

按压必须有效,有效的标志是按压过程中可以触及颈动脉搏动。

(3)操作频率。

① 胸外按压要以均匀速度进行,每分钟80次左右,每次按压和放松的时间相等。

② 胸外按压与口对口(鼻)人工呼吸同时进行,其节奏为:

单人抢救时,每按压15次后吹气2次(15:2),反复进行,如图1-25所示。

双人抢救时,每按压5次后由另一人吹气1次(5:1),反复进行,如图1-26所示。

图1-25　单人急救

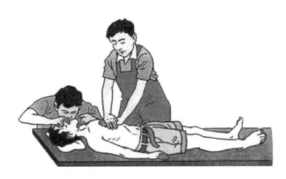

图 1-26　双人抢救

4. 抢救过程中的再判定

（1）按压吹气 1min 后（相当于单人抢救时做了 4 个 15∶2 压吹循环），应用看、听、试方法在 5～7s 时间内完成对伤员呼吸和心跳是否恢复的再判定。

（2）若判定颈动脉已有搏动但无呼吸，则暂停胸外按压，而再进行 2 次口对口人工呼吸，接着每 5s 吹气一次（即每分钟 12 次）。如脉搏和呼吸均未恢复，则继续坚持心肺复苏法抢救。

（3）在抢救过程中，要每隔数分钟再判定一次，每次判定时间均不得超过 5～7s。在医务人员未接替抢救前，现场抢救人员不得放弃抢救。

知识拓展

安全色（Safety Colour）是传递安全信息含义的颜色，包括红、蓝、黄、绿四种颜色，如图 1-27 所示。根据 GB 2893—2001《安全色》的规定，安全色适用于工矿企业、交通运输、建筑业以及仓库、医院、剧场等公共场所，但不包括灯光、荧光颜色和航空、航海、内河航运所用的颜色。为了使人们对周围存在不安全因素的环境、设备引起注意，需要涂以醒目的安全色，提高人们对不安全因素的警惕。统一使用安全色，能使人们在紧急情况下，借助所熟悉的安全色含义，识别危险部位，尽快采取措施，提高自控能力，有助于防止发生事故。

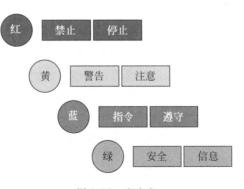

图 1-27　安全色

项 目 小 结

（1）电源通常有直流和交流两大类，直流用字母"DC"或符号"—"表示；交流用字母"AC"或符号"～"表示。

（2）线电压是每两根相线之间的电压，相电压是任一相线与中性线之间的电压。

（3）常用电工工具有老虎钳、尖嘴钳、斜口钳、剥线钳、电工刀、螺丝刀、试电笔、电烙铁等。

（4）常用电工仪器仪表有电流表、电压表、万用表、示波器、毫伏表、频率计、兆欧表、钳形电流表、信号发生器、单相调压器等。

（5）指针式万用表面板结构一般包括刻度尺、量程选择开关、机械零位调节旋钮、欧姆挡零位调节旋钮、供接线用的插孔等。

（6）数字式万用表是一种多用途电子测量仪器，又称为万用计、多用计、多用电表、三用电表。

（7）摇表又称兆欧表，是用来测量被测设备的绝缘电阻和高值电阻的仪表。

（8）触电方式包括单相触电、两相触电、跨步电压触电、雷击触电。

（9）进行触电急救，应坚持迅速、就地、准确、坚持的原则。

（10）触电伤员呼吸和心跳均停止时，应立即按心肺复苏法的三项基本措施，正确进行就地抢救。

技能训练 1　MF47 型万用表的组装与调试

一、实训目的

（1）能掌握 MF47 型万用表的工作原理。
（2）能掌握电子元件在电路中的作用。
（3）能进行 MF47 型万用表的组装与调试。

二、实训要求

（1）能根据设计要求进行元器件的检测。
（2）能根据电路原理图完成元器件的组装。
（3）能进行电路的正确焊接与调试。

三、实训器材

电烙铁、电阻、开关旋钮、电容、电池、二极管、三极管、电位器、蜂鸣器松香等。

四、实训步骤

1. 万用表的安装过程

（1）按照图 1-28 将电阻器准确装入规定位置。要求标记向上，字向一致，尽量使电阻器的高低一致。焊完后将露在印制电路板表面多余引脚齐根剪去。

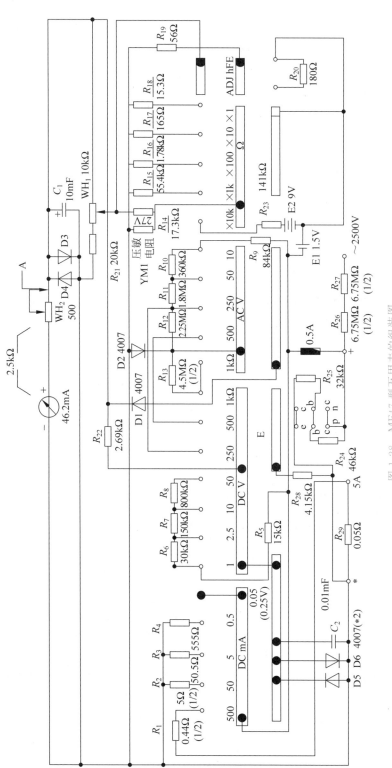

图1-28 MF47型万用表的组装图

(2) 然后焊接 4 个二极管和电容。注意二极管和电容的正负极性。

(3) 根据装配图固定 4 个支架:晶体管插座、保险丝夹、零欧姆调节电位器和蜂鸣器。

(4) 焊接转换开关上交流电压挡和直流电压挡的公共连线,各挡位对应的电阻元件及其对外连线,最后焊接电池架的连线。至此,所有的焊接工作已完成。

(5) 安装电刷。应首先将挡位开关旋钮打到交流 250V 挡位上,将电刷旋钮安装卡转向朝上,V 形电刷有一个缺口,应该放在左下角,因为电路板的 3 条电刷轨道中间的间隙较小,外侧 2 条较大,与电刷相对应。当缺口在左下角时电刷接触点上面有 2 个相距较远,下面 2 个相距较近,一定不能放错。电刷四周都要卡入电刷安装槽,用手轻轻按下,即可安装成功。

(6) 检查、核对组装后的万用表电路,底板装进表盒,装上转换开关旋钮,送指导教师检查。

2. 万用表的调试

首先查看自己组装的万用表的指针是否对准零刻度线,如果没有对准,则进行机械调零,然后装入一节 1.5V 的二号电池和一节 9V 的电池。

(1) 挡位开关旋钮打到 BUZZ 音频挡,在万用表的正面插入表笔,然后将它们短接,听是否有鸣叫的声音。如果没有,则说明安装的蜂鸣器线路有问题。

(2) 挡位开关旋钮打到欧姆挡的各个量程,分别将表笔短接,然后调节电位器旋钮,观察指针是否能够指到零刻度线。

(3) 挡位开关旋钮打到直流电压 2.5V 挡,用表笔测量一节 1.5V 的电池,在表盘上观察指针的偏转是否正确。

(4) 挡位开关旋钮打到直流电压 10V 挡,用表笔测量一节 9V 的电池,在表盘上观察指针的偏转是否正确。

(5) 挡位开关旋钮打到交流电压 250V 挡,用表笔测量插座上的交流电压。

(6) 挡位开关旋钮打到×10k 欧姆挡,测量一个 6.75MΩ 的电阻。

(7) 然后依次检测其他欧姆挡位。

如果有标准的万用表,则可以将测量的值进行比较,各挡检测符合要求后,即可投入使用。

五、注意事项

(1) 在拿起线路板的时候,最好戴上手套或者用两指捏住线路板的边缘。不要直接用手抓线路板两面有铜箔的部分,防止手汗等污渍腐蚀线路板上的铜箔而导致线路板漏电。

(2) 如果在安装完毕后发现高压测量的误差较大,可用酒精将线路板两面清洗干净并用电吹风烘干。电路板焊接完毕后,用橡皮将三圈导电环上的松香、汗渍等残留物擦干净,否则易造成接触不良。

(3) 焊接时一定要注意电刷轨道上不能粘上锡,否则会严重影响电刷的运转。为了防止电刷轨道粘锡,切忌用烙铁运载焊锡。由于焊接过程中有时会产生气泡,使焊锡飞溅到电刷轨道上,因此应用一张圆形厚纸垫在线路板上。

(4) 如果电刷轨道上粘了锡,应将其绿面朝下,用没有焊锡的烙铁将锡尽量刮除。但由于线路板上的金属与焊锡的亲和性强,一般不能刮尽,只能用小刀稍微修平整。

(5) 在每一个焊点加热的时间不能过长,否则会使焊盘脱开或脱离线路板。对焊点进行修整时,要让焊点有一定的冷却时间,否则不但会使焊盘脱开或脱离线路板,而且会使元器件温度过高而损坏。

任务测评

任务完成后填写任务考核评价表,见表1-2。

表 1-2　考核评价表

任务名称	MF47 型万用表的组装与调试		姓名				总分			
考核项目	考核内容	配分	评分标准				自评	互评	师评
			优	良	中	合格			
知识与技能(50分)	(1) 能识读万用表原理图	5	5	4	3	2			
	(2) 能正确进行元器件的检测	10	10	8	7	6			
	(3) 能正确进行元器件的组装	10	10	8	7	6			
	(4) 能进行电路板的规范焊接	10	10	8	7	6			
	(5) 能排除故障及调试成功	15	15	12	10	8			
过程与方法(20分)	(1) 能借助信息化资源进行信息收集,自主学习	5	5	4	3	2			
	(2) 能够在实操过程中发现问题并解决问题	5	5	4	3	2			
	(3) 工作实施计划合理,任务书填写完整	5	5	4	3	2			
	(4) 能与老师进行交流,提出关键问题,有效互动	5	5	4	3	2			
情感态度与价值观(30分)	(1) 能与同学良好沟通,小组协作	6	6	5	4	3			
	(2) 态度端正,认真参与,遵守管理规定及劳动纪律	6	6	5	4	3			
	(3) 安全操作,无损伤、损坏元件及设备,并提醒他人	6	6	5	4	3			
	(4) 按时完成任务,工作积极主动	6	6	5	4	3			
	(5) 实训结束台面整洁,工具摆放整齐	6	6	5	4	3			
总　　计		100							

达 标 检 测

1. 判断题

(1) 维修电工无须接受安全教育,即可在工作范围内进行操作。　　　　　(　　)

(2) 实验实训前必须做好准备工作,按规定的时间进入实验实训室,可以私自调换工位。　　　　　(　　)

（3）触电事故的原因是缺乏电气安全知识、违反操作规程、设备不合格、维修不善、偶然因素。　　　　　　　　　　　　　　　　　　　　　　　　　　（　　）

（4）多数触电事故的发生原因是缺乏电气安全知识。　　　　　　　　（　　）

（5）当人体直接接触带电设备其中的一相时，电流通过人体流入大地，这种触电现象为单相触电。　　　　　　　　　　　　　　　　　　　　　　　　　（　　）

（6）在发生人身触电事故时，为了及时解救触电人，可以不经许可，即行断开有关设备的电源。　　　　　　　　　　　　　　　　　　　　　　　　　　　（　　）

（7）现场触电抢救的原则是迅速、就地、准确、坚持。　　　　　　　（　　）

（8）触电者脱离电源以后，应当立即注射肾上腺素，再进行人工急救。（　　）

（9）对触电病人进行现场急救时，可以用药物代替人工呼吸法和胸外心脏按压法。

　　　　　　　　　　　　　　　　　　　　　　　　　　　　　　　　（　　）

（10）人工呼吸法的使用条件是触电呼吸尚未停止时采用的急救方法。（　　）

2. 填空题

（1）_____是每两根相线之间的电压，_____是任一相线与中性线之间的电压。

（2）当需要切断故障区域电源时，要尽量缩小停电范围。有分路开关的，要尽量切断故障区域的_____，尽量避免越级切断电源。

（3）试电笔简称_____，是用来测试线路、开关、插座等电器及电气设备是否带电的工具，常用的试电笔有_____和_____式两种。

（4）指针式万用表面板结构一般包括刻度尺、量程选择开关、_____、_____、供接线用的插孔等。

（5）钳形电流表测量直流电压时，将转换开关置于直流电压_____挡；测量交流电压时，转换开关置于交流电压_____挡。

（6）人体同时接触两根火线造成的触电为_____。

3. 选择题

（1）当某一电力线路发生接地，距接地点越近，跨步电压（　　　）。

　　A. 不变　　　　　　　B. 越低　　　　　　C. 越高　　　　　　D. 无法确定

（2）当某一电力线路发生接地时，人离接地点越近时可能承受的接触电压与跨步电压的关系是（　　　）。

　　A. 跨步电压越大，接触电压越小　　　　B. 跨步电压和接触电压都越大

　　C. 跨步电压越小，接触电压越大　　　　D. 跨步电压不变，接触电压越大

（3）工频条件下，人的平均感知电流约为（　　　）。

　　A. 1mA　　　　　　　B. 10mA　　　　　　C. 100mA　　　　　D. 10A

（4）工频条件下，人的摆脱电流约为（　　　）。

　　A. 1mA　　　　　　　B. 10mA　　　　　　C. 100mA　　　　　D. 10A

（5）施行口对口(鼻)人工呼吸时，每分钟进行（　　　）。

　　A. 1～2次　　　　　　B. 3～5次　　　　　C. 10次左右　　　　D. 60～100次

（6）胸外按压要以均匀速度进行，每分钟大约（　　　）次。

　　A. 50　　　　　　　　B. 60　　　　　　　C. 80　　　　　　　D. 150

（7）触电急救必须分秒必争，对有心跳呼吸停止的患者应立即（　　）进行急救。

    A. 按心肺复苏法　　　　　　　　　B. 送医院

    C. 报告上级领导　　　　　　　　　D. 使用医疗器械

（8）触电者在无呼吸、无心跳的情况下，同时出现（　　）等三种症状时可判断为死亡，并终止抢救。

    A. 瞳孔扩大、关节僵硬、出现尸斑　　　B. 瞳孔扩大、牙关紧闭、手脚僵冷

    C. 嘴唇发黑、手脚僵冷、出现尸斑　　　D. 瞳孔扩大、身上无知觉

4. 综合题

（1）简述实验实训室操作规程。

（2）如何使用数字式万用表进行电流、二极管的测量？

（3）简述触电急救步骤。

（4）简述兆欧表的组成及使用方法。

（5）简述胸外按压触电急救的方法。

（6）简述口对口（鼻）人工呼吸触电急救的方法。

项目 2

认识基本电路与基本物理量

 知识目标

（1）能理解电路的基本组成；

（2）能掌握闭合电路欧姆定律的内容；

（3）能熟悉电功、电功率、焦耳定律的相关概念。

 能力目标

（1）能运用万用表进行电阻元件的测量；

（2）能运用欧姆定律、焦耳定律进行实际电路的计算；

（3）能进行电能表的使用与维护。

 素养目标

（1）能养成严谨细致、一丝不苟、实事求是的科学态度和探索精神；

（2）能形成严谨认真的工作态度，具备工作岗位的安全操作意识。

 项目导入

现代社会电气技术已经越来越广泛，应用到人们生活的各个领域，生活中各种各样的家用电器进入了千家万户，诸如电灯为大家带来了光明，如图 2-1 所示。电视机、计算机让人们认识外面精彩的世界。电路的形式千变万化,但归纳起来任何一个电路都可能具有三种状态:通路、断路和短路。按电路中流过的电流种类可把电路分为直流电路和交流电路两种。本项目我们一起学习基本电路,认识它们的基本物理量。

图 2-1　家用电灯

任务 2.1　认识基本电路

任务目标

　　(1) 能认识电路的基本组成元件;
　　(2) 能掌握基本物理量的定义及运算;
　　(3) 能分析电路通路、短路、开路的三种状态。

2.1.1　电路的组成

　　电路是电流流过的路径,一个完整的电路通常至少由电源、负载、连接导线和控制装置四部分组成。图 2-2 所示为简单电路。

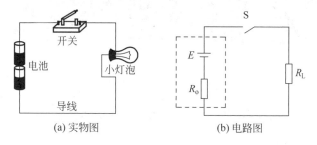

(a) 实物图　　　　　　　　(b) 电路图

图 2-2　简单电路

　　电源是向电路提供能量的设备,它能把其他形式的能量转换成电能。常见的电源有干电池、蓄电池、光电池、发电机等。图 2-3 所示为常见的电源。

(a) 光电池　　　　　　　　　　　(b) 蓄电池

图 2-3　常见的电源

负载是指连接在电路中的电源两端的电子元件。把电能转换成其他形式的能的装置叫作负载。电动机能把电能转换成机械能,电阻能把电能转换成热能,电灯泡能把电能转换成热能和光能,扬声器能把电能转换成声能。电动机、电阻、电灯泡、扬声器等都是常用的负载。图 2-4 所示为常见的负载。

(a) 灯泡　　　　　　　　　　　(b) 电动机

图 2-4　常见的负载

导线把电源和负载连接起来,其作用是传输和分配电能。常用的导线有铜、铝、锰铜合金等。图 2-5 所示为常见的导线。

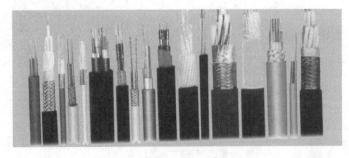

图 2-5　常见的导线

控制装置的作用是接通、断开电路或保护电路不被损坏等。常见的控制和保护装置有开关、低压断路器、熔断器等。图 2-6 所示为常见的控制装置。

2.1.2　电路模型

为了便于对电路进行分析计算,常常将实际电路元件理想化,也称模型化,即在一定条件下突出电路的主要电磁性质,忽略次要的如实际上的结构、材料、形状等因素,用一个足以表征其主要特性的理想元件近似表示。由理想电路元件组成的电路称为电路模型,

(a) 常用开关

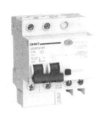

(b) 低压断路器   (c) 熔断器

图 2-6   常见的控制装置

也叫作实际电路的电路原理图,简称为电路图。例如,图 2-2(b)所示的简单电路。常见的电路元件有电阻元件、电容元件、电感元件、电压源、电流源。

为了方便起见,用国家标准统一规定的图形符号来代替实物,以此表示电路的各个组成部分。常用的电路元器件图形符号见表 2-1。

表 2-1   电路图中常用的电路元器件图形符号

名　　称	符　号	名　　称	符　号
直流电压源电池	——┤├——	可变电容	
电压源	—(+ ○ -)—	理想导线	——————
电流源	—(○→)—	互相连接的导线	
电阻元件	—▭—	交叉但不相连接的导线	
电位器		开关	—o⁄—
可变电阻		熔断器	—▭—
电灯	—⊗—	电流表	—(A)—
电感元件	—ⵡⵡⵡ—	电压表	—(V)—
铁心电感	—ⵡⵡⵡ—	功率表	—(W)—
电容元件	—┤├—	接地	⊥

2.1.3　电路的状态

电路通常具有以下三种工作状态。

1. 通路(闭路)

通路是指正常工作状态下的闭合电路。此时,开关闭合,电路中有电流流过,负载能正常工作,进行能量转换。

2. 开路(断路)

开路是指电源与负载之间未接成闭合电路,即电路中有一处或多处是断开的,又称为空载状态。

3. 短路(捷路)

短路是指电源不经负载直接被导线连接。输出电流过大对电源来说属于严重过载,如没有保护措施,电源或电器会被烧毁或发生火灾,所以通常要在电路或电气设备中安装熔断器、保险丝等保险装置,以避免发生短路时出现不良后果。

2.1.4　电路中的基本物理量

1. 电流

金属导体内有大量的自由电荷(自由电子),在电场力的作用下,自由电子会作有规律的运动,这就是电流。电流的大小等于单位时间内通过导体横截面的电量,称为电流强度(简称电流),用符号 I 或 $i(t)$ 表示,讨论一般电流时可用符号 i,单位是 A(安培)。具体来说,1s 内流过导体的电量为 1 库仑时,则电流强度为 1A。计算微小电流用毫安(mA)、微安(μA)表示,计算大电流用千安(kA)表示,它们与安培的换算关系为

$$1\text{mA}=10^{-3}\text{A};\quad 1\mu\text{A}=10^{-6}\text{A};\quad 1\text{kA}=10^{3}\text{A}$$

设在 $\Delta t=t_2-t_1$ 时间内,通过导体横截面的电荷量为 $\Delta q=q_2-q_1$,则在 Δt 时间内的电流强度可用数学公式表示为

$$i(t)=\frac{\Delta q}{\Delta t}$$

式中: Δt 为很小的时间间隔,时间的国际单位制为秒(s),电量 Δq 的国际单位制为库仑(C)。电流 $i(t)$ 的国际单位制为安培(A)。

电流的流动具有方向性,电路中电荷沿着导体的定向运动形成电流,习惯上规定正电荷运动的方向(或负电荷流动的反方向)为电流的方向。为了计算与说明问题方便,常以一个方向为"参考方向",电流的实际方向是确定的,而参考方向可人为选定。在图 2-7 中,选定电流的参考方向为从 A 到 B,而这时电流的方向也正好是从 A 到 B,则电流 I_{AB} 为正。若选参考方向由 B 到 A,这时 I_{AB} 为负。

(1) 直流电流

如果电流的大小及方向都不随时间变化,即在单位时间内通过导体横截面的电量相等,则称之为稳恒电流或恒定电流,简称为直流(Direct Current),记为 DC 或 dc。直流电流要用大写字母 I 表示。

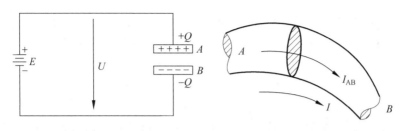

图 2-7 电流的参考方向与实际方向

$$I = \frac{\Delta q}{\Delta t} = \frac{Q}{t} = 常数$$

直流电流 I 与时间 t 的关系在 I-t 坐标系中为一条与时间轴平行的直线。

（2）交流电流

如果电流的大小及方向均随时间变化，则称为变动电流。对电路分析来说，一种最为重要的变动电流是正弦交流电流，其大小及方向均随时间按正弦规律作周期性变化，将之简称为交流（Alternating Current），记为 AC 或 ac，交流电流的瞬时值要用小写字母 i 或 $i(t)$ 表示。

2. 电压、电位、电动势

电压、电位、电动势这三个概念是非常重要的，它们都是电路能量特性的描述。

（1）电压

电荷在电场力作用下移动时，电场力对电荷做了功。设电荷从 A 到 B，电场力做功 W_{AB}，如果被移动的电荷电量增加一倍，则做功也增加一倍，但 W_{AB}/Q（Q 是电荷量）比值不变。把 W_{AB}/Q 称为 A、B 两点间的电压，记为 U_{AB}，单位为 V（伏特）。电压的方向规定为从高电位指向低电位的方向。

电压的国际单位制为伏特（V），常用的单位还有毫伏（mV）、微伏（μV）、千伏（kV）等，它们与伏特的换算关系为

$$1mV = 10^{-3}V; \qquad 1\mu V = 10^{-6}V; \qquad 1kV = 10^{3}V$$

对一个元件，电流参考方向和电压参考方向可以相互独立地任意确定，但为了方便起见，常常将其取为一致，称关联方向；如不一致，称非关联方向，如图 2-8 所示。如果采用关联方向，在标示时标出一种即可。如果采用非关联方向，则必须全部标示。

（2）直流电压与交流电压

如果电压的大小及方向都不随时间变化，则称为稳恒电压或恒定电压，简称为直流电压，用大写字母 U 表示。

如果电压的大小及方向随时间变化，则称为变动

图 2-8 关联方向、非关联方向的描述

（a）关联方向 （b）非关联方向

电压。对电路分析来说，一种最为重要的变动电压是正弦交流电压（简称交流电压），其大小及方向均随时间按正弦规律作周期性变化。交流电压的瞬时值要用小写字母 u 或 $u(t)$ 表示。

（3）电位

上述电压的概念中，指出了 A、B 两个点，但都不是特殊点。如果在电场中指定一个

特殊点"O"(也称参考点),那么电场中任意一点 X 与参考点 O 之间的电压,称为 X 点的电位,用符号 φ 表示,单位也是 V。一般把参考点作为零电位,实际上电位是电荷在电场中具有的位能大小的反映。

(4) 电动势

电动势的大小等于电源力把单位正电荷从电源的负极,经过电源内部移到电源正极所做的功。如设 W 为电源中非静电力(电源力)把正电荷量 q 从负极经过电源内部移送到电源正极所做的功,则电动势大小为

$$E = \frac{W}{q}$$

电动势是标量,本身并没有方向,电动势与电压的定义相仿,但注意它们有本质的差别:电压是电场力做功,电动势是非电场力做功,只反映做功的能力;在电场力作用下,正电荷由电位高的地方向电位低的地方移动,而在电动势的作用下,正电荷由低电位移到高电位;电压的正方向是正极指向负极,高电位指向低电位,在电源内部,电流从负极流向正极,为了说明问题方便,也给电动势一个方向,人们规定电动势的正方向是负极指向正极,低电位指向高电位;电压存在于电源外部,而电动势是存在于电源内部的物理量。

3. 电阻

(1) 电阻定律

$$R = \rho \frac{l}{S}$$

式中:ρ——制成电阻材料的电阻率,单位为欧姆·米($\Omega \cdot m$);

l——绕制成电阻的导线长度,单位为米(m);

S——绕制成电阻的导线横截面积,单位为平方米(m^2);

R——电阻值,单位为欧姆(Ω)。

经常用的电阻单位还有千欧($k\Omega$)、兆欧($M\Omega$),它们与 Ω 的换算关系为

$$1k\Omega = 10^3 \Omega; \quad 1M\Omega = 10^6 \Omega$$

(2) 电阻与温度的关系

电阻元件的电阻值大小一般与温度有关,衡量电阻受温度影响大小的物理量是温度系数,其定义为温度每升高 1℃ 时电阻值发生变化的百分数。

如果设任一电阻元件在温度 t_1 时的电阻值为 R_1,当温度升高到 t_2 时电阻值为 R_2,则该电阻在 $t_1 \sim t_2$ 温度范围内的(平均)温度系数为

$$\alpha = \frac{R_2 - R_1}{R_1(t_2 - t_1)}$$

如果 $R_2 > R_1$,则 $\alpha > 0$,将 R 称为正温度系数电阻,即电阻值随着温度的升高而增大;如果 $R_2 < R_1$,则 $\alpha < 0$,将 R 称为负温度系数电阻,即电阻值随着温度的升高而减小。显然 α 的绝对值越大,表明电阻受温度的影响也越大。

$$R_2 = R_1[1 + \alpha(t_2 - t_1)]$$

知识拓展

　　直流稳压电源是能为负载提供稳定直流电源的装置,如图 2-9 所示。其供电电源大都是交流电源,当交流供电电源的电压或负载电阻变化时,稳压器的直流输出电压都会保持稳定。

图 2-9　直流稳压电源

任务 2.2　认识判别电阻元件

任务目标

　　(1) 能掌握常用电阻元件电气符号;
　　(2) 能熟悉电阻器参数的标识方法;
　　(3) 能运用万用表进行实际电阻元件的测量。

2.2.1　电阻元件

　　电阻元件是对电流呈现阻碍作用的耗能元件,例如灯泡、电热炉等电器。电阻器按材料和用途可分为碳膜电阻器(RT)、金属膜电阻器(RJ)、金属膜氧化电阻器(RY)、线绕电阻器(RX)、熔断电阻器、水泥电阻、有机实心电阻器、贴片电阻器等。

　　电阻器是具有电阻特性的电子元件,是电子线路中应用最为广泛的元件之一,通常称为电阻,在电路中起分压、分流和限流等作用。电阻器按结构形式分为固定电阻器和可变电阻器(电位器),常见电阻器的电路符号如图 2-10 所示。

2.2.2　电阻器参数的标识方法

　　电阻器的主要参数(标称值与允许偏差)要标注在电阻器上,以供识别。电阻器的参数表示方法有直标法、文字符号法和色环法(色标法)三种。

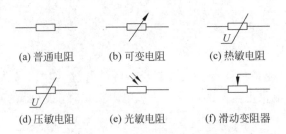

(a) 普通电阻　　(b) 可变电阻　　(c) 热敏电阻

(d) 压敏电阻　　(e) 光敏电阻　　(f) 滑动变阻器

图 2-10　常见电阻器的电路符号

1. 直标法

直标法就是将电阻器的类别、标称阻值、允许偏差及额定功率等直接标注在电阻器的外表面上,其优点是直观,但易于判读,如图 2-11 所示。图 2-11(a)表示标称阻值为 20kΩ、允许偏差为 ±0.1%、额定功率为 2W 的线绕电阻器;图 2-11(b)表示标称阻值为 2kΩ、额定功率为 4W 的线绕电阻器;图 2-11(c)表示标称阻值为 1.2kΩ、允许偏差为 ±10%、额定功率为 0.5W 的碳膜电阻器。

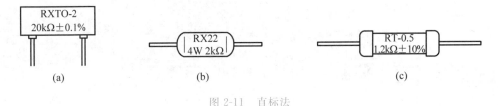

(a)　　　　　　　　　(b)　　　　　　　　　(c)

图 2-11　直标法

2. 文字符号法

文字符号法是用阿拉伯数字和字母符号按一定规律的组合来表示标称阻值及允许偏差的方法。其优点是认读方便、直观,由于不使用小数点,提高了数值标记的可靠性,如图 2-12 所示,多用在大功率电阻器上。

文字符号法规定:字母符号有 Ω(R)、k、M、G、T,用于表示阻值时,字母符号 Ω(R)、k、M、G、T 之前的数字表示阻值的整数值,之后的数字表示阻值的小数值,字母符号表示小数点的位置和阻值单位。

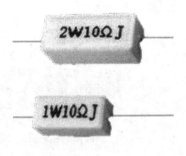

图 2-12　文字符号法

例如 5R1 表示 5.1Ω,R 表示欧姆(Ω),"56k"表示 56kΩ,"5k6"表示 5.6kΩ,图 2-13 所示为文字符号法表示的一组电阻。k、M、G 表示级数,误差等级使用的字母及其含义见表 2-2。

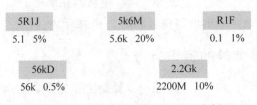

5R1J	5k6M	R1F
5.1　5%	5.6k　20%	0.1　1%

56kD	2.2Gk
56k　0.5%	2200M　10%

图 2-13　文字符号法表示的电阻实例

表 2-2 文字符号法表示电阻值允许误差与字母对照表

字母	允许误差	字母	允许误差
W	±0.05%	G	±2%
B	±0.1%	J	±5%
C	±0.25%	k	±10%
D	±0.5%	M	±20%
F	±1%	N	±30%

3. 色环法(色标法)

色标法是用色环代替数字在电阻器表面标出标称阻值和允许误差的方法。其优点是标志清晰、易于看清,而且与电阻的安装方向无关。色环颜色规定见表 2-3。

表 2-3 色环法表示电阻值允许误差与字母对照表

颜色	有效数字	倍率	允许误差	颜色	有效数字	倍率	允许误差
棕色	1	10^1	±1%	灰色	8	10^8	—
红色	2	10^2	±2%	白色	9	10^9	±50%～±20%
橙色	3	10^3	—	黑色	0	10^0	
黄色	4	10^4	—	金色	—	10^{-1}	±5%
绿色	5	10^5	±0.5%	银色	—	10^{-2}	±10%
蓝色	6	10^6	±0.2%	无色	—	—	±20%
紫色	7	10^7	±0.1%				

(1)四色环色标法

四色环的前两色环表示阻值的有效数字,第三条色环表示阻值倍率,第四条色环表示阻值允许误差范围,如图 2-14 所示。普通电阻器大多用四色环色标法来标注。

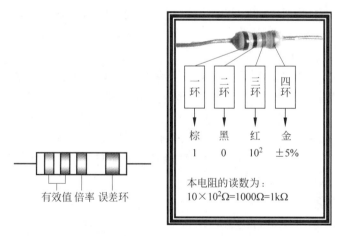

图 2-14 四色环色标法

(2)五色环色标法

五色环的前三条色环表示阻值的有效数字,第四条色环表示阻值倍率,第五条色环表示允许误差范围,如图 2-15 所示。精密电阻器大多用五色环色标法来标注。对于一些功率大的色环电阻器,在其外表将标示出它的功率,图中色环电阻表面上的数字 2 表示此电阻的功率为 2W。

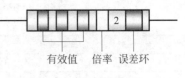

图 2-15　五色环色标法

(3) 判断色环电阻第一条色环的方法

对于未安装的电阻,可以用万用表测量一下电阻器的阻值,再根据所读阻值看色环,读出标称阻值;对于已装配在电路板上的电阻,可用以下方法进行判断。

① 四色环电阻为普通型电阻器,从标称阻值系列表可知,其只有三种系列,允许偏差为±5%、±10%、±20%,所对应的色环为金色、银色、无色。而金色、银色、无色这三种颜色没有有效数字,所以,金色、银色、无色作为四色环电阻器的偏差色环,即为最后一条色环(金色,银色除作偏差色环外,可作为乘数)。

② 五色环电阻器为精密型电阻器,一般常用棕色或红色作为偏差色环。如出现头尾同为棕色或红色环时,要判断第一条色环则要通过以下③、④。

③ 第一条色环比较靠近电阻器一端引脚。

④ 表示电阻器标称阻值的那四条环之间的间隔距离一般为等距离,而表示偏差的色环(即最后一条色环)一般与第四条色环的间隔比较大,以此判断哪一条为最后一条色环。

2.2.3　电阻器的检测

使用模拟万用表检测电阻器的步骤如下。

(1) 检查万用表电池

将挡位旋钮依次置于电阻挡 $R \times 1$ 挡和 $R \times 10k$ 挡,然后将红、黑表笔短接,旋转调零电位器,观察指针是否指向零。如 $R \times 1$ 挡,指针不能回零,则更换万用表的 1.5V 电池。如 $R \times 10$ 挡,指针不能回零,则 U201 型万用表更换 22.5V 电池;MF47 型万用表更换 9V 电池。

(2) 选择适当倍率挡

测量某一电阻器的阻值时,要依据电阻器的阻值正确选择倍率挡,按万用表使用方法规定,指针式万用表指针应在刻度的中心部分读数才较准确。一般 100Ω 以下电阻器可选 $R \times 1$ 挡,$100 \sim 1k\Omega$ 的电阻器可选 $R \times 10$ 挡,$1k \sim 10k\Omega$ 电阻器可选 $R \times 100$ 挡,$10k \sim 100k\Omega$ 的电阻器可选 $R \times 1k$ 挡,$100k\Omega$ 以上的电阻器可选 $R \times 10k\Omega$ 挡。测量时,电阻器的阻值是万用表上刻度的数值与倍率的乘积。如测量一电阻器,所选倍率为 $R \times 1$,刻度数值为 9.4,该电阻器电阻值为 $R = 9.4 \times 1\Omega = 9.4\Omega$。

(3) 电阻挡调零

在测量电阻之前必须进行电阻挡调零。调零的方法是:将万用表两表笔金属棒短接,观察指针有无到 0 的位置,如果不在 0 位置,调整调零旋钮,使表针指向电阻刻度的 0 位置。在测量电阻时,每更换一次倍率挡后,都必须重新调零。

测量电阻器时,万用表的两表笔分别和电阻器的两端相接,表针应指在相应的阻值刻度上,如果表针不动、指示不稳定或指示值与电阻器上的标示值相差很大,则说明该电阻器已损坏。注意,不能用手同时捏着表笔和电阻器两引出端,以免人体电阻影响测量的准确性。

2.2.4 电阻器的使用常识

(1) 电阻器在安装前,应将引线刮光镀锡,以保证焊接可靠,不产生虚焊、假焊。对于高增益前置放大电流,更应注意焊接质量,否则会引起噪声的增加。

(2) 高频电路中,电阻器的引线不宜过长,以减小分布参数对电路的影响,小型电阻器的引线不应剪得过短,一般不要小于5mm。焊接时,应用尖嘴钳或镊子夹住引线根部,以免焊接时,热量传入电阻内部,使电阻器变值。

(3) 电阻器引线不可反复弯曲,以免折断。安装、拆卸时不可过分用力,以免电阻体和接触帽之间松动,造成隐患。

(4) 额定功率10W以上的线绕电阻器,安装时必须水平接在特制的支架上,同时周围应留出一定的散热空间,以利热量的散发。

 知识拓展

光敏电阻器又称光导管,如图2-16所示,它的特性是在特定光的照射下,阻值迅速减小,可用于检测可见光。光敏电阻器是利用半导体的光电效应制成的一种电阻值随入射光的强弱而改变的电阻器;入射光强,电阻减小,入射光弱,电阻增大。光敏电阻器一般用于光的测量、光的控制和光电转换(将光的变化转换为电的变化)。通常,光敏电阻器都制成薄片结构,以便吸收更多的光能。当它受到光的照射时,半导体片(光敏层)内就激发出电子空穴对,参与导电,使电路中电流增强。

图2-16 光敏电阻器

任务2.3 探究欧姆定律

 任务目标

(1) 能掌握闭合电路欧姆定律的内容;
(2) 能理解全电路欧姆定律的适用范围;
(3) 能运用欧姆定律进行实际电路的计算。

2.3.1 欧姆定律

随着电路研究工作的进展,人们逐渐认识到欧姆定律的重要性,该定律是由德国物理学家乔治·西蒙·欧姆在 1826 年提出的。欧姆定律的常见描述是：在同一电路中,导体中的电流跟导体两端的电压成正比,跟导体的电阻成反比。

$$标准式：I = \frac{U}{R}；\qquad 变形公式：U = IR, \quad R = \frac{U}{I}$$

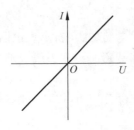

图 2-17　线性电阻的伏安特性曲线

欧姆定律成立时,以导体两端电压 U 为横坐标,导体中的电流 I 为纵坐标,做出如图 2-17 所示的曲线,称为伏安特性曲线。这是一条通过坐标原点的直线(即 R＝常数),它的斜率为电阻的倒数 G,称为电导,其国际单位制为西门子(S)。具有这种性质的电器元件叫线性元件,其电阻叫线性电阻或欧姆电阻。

欧姆定律不成立时,伏安特性曲线不是过原点的直线,而是不同形状的曲线。把具有这种性质的电器元件(即 $R\neq$ 常数),叫作非线性元件。通常所说的"电阻"如不作特殊说明,均指线性电阻。

2.3.2　全电路欧姆定律

全电路由两部分组成,图 2-18 所示是一个简单的闭合电路,一部分是电源的外部电路,它是由用电器和导线连成的,叫外电路,等效电阻用大写字母 R 表示。另一部分是电源的内部电路,有电池内的溶液或线圈等,叫内电路,等效电阻用小写字母 r 表示。

在外电路中,电流由电源正极出发,通过导线和用电器流向电源负极。在内电路中,电源则由电源负极流向正极,形成一个环形的闭合回路。闭合电路的电流跟电源的电动势 E 成正比,跟内、外电路的电阻之和成反比,称为全电路欧姆定律。用公式表示为

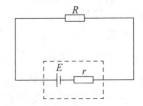

图 2-18　简单的闭合电路

$$I = \frac{E}{R + r}$$

其中 $E=U_内+U_外$,$U_外$ 称为路端电压,$U_外=IR$。常用的变形式有 $E=I(R+r)$,$U_外=E-Ir$。$E=I(R+r)$ 只适用于外电路为纯电阻的闭合电路,$U_外=E-Ir$ 和 $E=U_内+U_外$ 适用于所有的闭合电路。外电路两端电压 $U_外=IR=E-Ir=\dfrac{R}{R+r}E$,显然,负载电阻 R 值越大,其两端电压 U 也越大;当 $R\gg r$ 时(相当于开路),则 $U=E$;当 $R\ll r$ 时(相当于短路),则 $U=0$,此时一般情况下的电流($I=E/r$)很大,电源容易烧毁。

在电源电动势 E 及其内阻 r 保持不变时,负载 R 获得最大功率的条件是 $R=r$,此时负载的最大功率值为

$$P_{\max} = \frac{E^2}{4R}$$

电源输出的最大功率是

$$P_{EM} = \frac{E^2}{2r} = \frac{E^2}{2R} = 2P_{\max}$$

2.3.3　欧姆定律的应用

欧姆定律是电学学习的重要定律,它不仅在理论上非常重要,在现实中也应用非常广泛,将欧姆定律运用于人们的工作生活,去分析生活中简单的电学现象,是实现理论联系实际的重要方式。

例 2-1　如图 2-19 所示,当单刀双掷开关 S 合到位置 1 时,外电路的电阻 $R_1=14\Omega$,测得电流表读数 $I_1=0.2A$;当开关 S 合到位置 2 时,外电路的电阻 $R_2=9\Omega$,测得电流表读数 $I_2=0.3A$;试求电源的电动势 E 及其内阻 r。

解　根据闭合电路的欧姆定律,列出联立方程组

$$\begin{cases} E = R_1 I_1 + r I_1 \text{(当 S 合到位置 1 时)} \\ E = R_2 I_2 + r I_2 \text{(当 S 合到位置 2 时)} \end{cases}$$

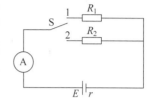

图 2-19　例 2-1 的电路图

解得:$r=1\Omega$,$E=3V$。

本例题给出了一种测量直流电源电动势 E 和内阻 r 的方法。

全电路欧姆定律适用范围:只适用于纯电阻电路或线性变化电路。在通常温度或温度不太低的情况下,对于电子导电的导体(如金属),欧姆定律是一个很准确的定律。当温度低到某一温度时,金属导体可能从正常态进入超导态。处于超导态的导体电阻消失了,不加电压也可以有电流。对于这种情况,欧姆定律当然不再适用了。

在通常温度或温度变化范围不太大时,像电解液(酸、碱、盐的水溶液)这样离子导电的导体,欧姆定律也适用。而对于气体电离条件下,所呈现的导电状态,一些导电器件,如电子管、晶体管等,欧姆定律不成立。

　知识拓展

直流电压表(DC Volteter)是针对直流屏、太阳能光伏、蓄电池、电镀、通信电源、直流电动工具等应用场合设计的。交流电压表(AC Volteter)也称为高频毫伏表(High-Frequency Millivolt Meter),用于测量交流电压。交流电压表也有模拟表与数字表之分,模拟表内部采用模拟电路,显示方式为指针式;数字表内部采用数字电路,显示方式为数字显示。常见的直、交流电压表如图 2-20 所示。

(a) 直流电压表　　　　　　(b) 交流电压表

图 2-20　常见的直、交流电压表

任务 2.4　认识电功与电功率

任务目标

> (1) 能掌握电功、电功率、焦耳定律的相关概念;
> (2) 能进行电流热效应的实际计算;
> (3) 能进行电能表的使用与维护。

2.4.1　电功与电功率

电流所做的功叫电功,电流做功的过程,就是电能转化为其他形式的能的过程,有多少电能转化为其他形式的能,电流就做了多少功。电功的基本单位是焦耳(J),日常单位是千瓦时(kWh),它们间的换算关系是 $1\text{kWh}=3.6\times10^6\text{J}$。日常生活中用电能表测量电功,平常说的几度电的“度”实际就是 kWh。

电功率表示电流做功的快慢,其定义是单位时间内电流所做的功,例如决定灯泡亮度的因素是灯泡的实际功率大小。电功率的基本单位是瓦(W),日常生活中常用千瓦(kW)做单位,它们间的换算关系是 $1\text{kW}=1000\text{W}$。千瓦和千瓦时,前者是电功率的单位,后者是电功的单位。用电器铭牌上标出的功率是用电器正常工作时的功率,叫额定功率,通常所说的功率 P 又叫作有功功率或平均功率。

2.4.2　电功率、电功和电热公式的联系

1. 电功率计算公式

$P=\dfrac{W}{t}=UI=I^2R=\dfrac{U^2}{R}$,其中:$P=\dfrac{W}{t}$ 是功率计算的普遍公式,$P=UI$ 是定义式,$P=I^2R$ 和 $P=\dfrac{U^2}{R}$ 是导出式,具体计算中四个公式都会用到。

2. 电功的计算公式

电功的公式可用电功率公式得到,计算公式为 $W=Pt=UIt=I^2Rt=\dfrac{U^2}{R}t$。将电功率的公式各项同时乘以 t,就可以得到电功的公式。

3. 电流产生热量的公式(焦耳定律)

电能转化为内能的现象叫电流的热效应。电流通过导体时产生的热量(焦耳热)为

$$Q=I^2Rt$$

式中:I——通过导体的直流电流或交流电流的有效值,单位为 A;

　　　R——导体的电阻值,单位为 Ω;

　　　t——通过导体电流持续的时间,单位为 s;

Q——焦耳热,单位为 J。

虽然根据焦耳定律得到的公式是 $Q=I^2Rt$,在电能只转化为内能的时候,电流做的功与其转化成的内能是相等的,所以 $Q=W$,这样,计算电功与计算电热完全变成了一回事,计算热量的公式就与计算电功的公式完全相同。

例 2-2　学校共有教学班 22 个,每个教室装有 40W 日光灯 9 盏,每盏灯平均每天开10h,如果将这些日光灯全部更换为 10W 节能灯(10W 节能灯与 40W 日光灯亮度相同),问一个月(按 22 天上学时间算)可少耗电多少千瓦时?如果电价按 0.55 元/度计算,一年(按上学 10 个月算)可少交多少电费?

分析　将学校的所有灯泡看成一盏大灯泡,这盏大灯泡每天开 10h,一个月开 $22×10h=220h$,先计算使用日光灯时每月电流所做的功,再计算改用节能灯后每月电流所做的功,两者之差就是电流少做的功,也就是节约的电能。

解　(1) 用日光灯时,全校电灯的总功率:$P_1=22×9×40W=7920W=7.92kW$

这些日光灯每月使用时间:$t_1=22×10h=220h$

每月电流通过日光灯所做的功:$W_1=P_1t_1=7.92×220h=1742.4kWh$

用节能灯后,全校电灯的总功率:$P_2=22×9×10W=1980W=1.98kW$

这些节能灯每月使用时间:$t_2=22×10h=220h$

每月电流通过节能灯所做的功:$W_2=P_2t_2=1.98×220h=435.6kWh$

每月少消耗的电能:$\Delta W=W_1-W_2=(1742.4-435.6)kWh=1306.8kWh=1306.8$ 度

(2) 每月少交的电费为:1306.8 度 × 0.55 元/度 = 718.74 元

每年少交的电费为:10 × 718.74 元 = 7187.4 元

2.4.3　电能的测量

1. 电能表的种类

电能表是测量电能的仪表,又称电度表、火表、千瓦小时表。我们日常生活中使用的电度表是用来记录用户消耗电能多少的仪表,按用途可分为工业与民用表、电子标准表、最大需量表、复费率表;按结构和工作原理可分为感应式(机械式)、静止式(电子式)、机电一体式(混合式)电能表;按接入电源性质可分为交流表、直流表;按安装接线方式可分为直接接入式、间接接入式电能表;按用电设备可分为单相、三相三线、三相四线电能表。常见的电能表如图 2-21 所示,电能表的型号、规格见表 2-4。

表 2-4　部分电能表的型号和规格

名　　称	型号	级别	额定电压/V	额定电流/A	备　　注
单相电能表	DD14	2.0	220	5、10	另有 DD1、DD5、S-1、DD6、DD9、DD10、DD15、DD17 等型号
三相三线有功电能表	DS2	2.0	100、380、440	5、10、25	另有 DS1、D54、D55、JNP-1 等型号
三相四线有功电能表	DT2	2.0	208/120 380/220	5、10、25	另有 DT1、JNP-3 等型号
三相三线无功电能表	DX2	2.5	100、380	5	另有 DX1、JNP-2 等型号

注:可配用电压或电流互感器扩大量程。

(a) 单相电能表　　　　　　(b) 三相电能表

图 2-21　常见的电能表

2. 电能表的使用与维护

(1) 电能表安装位置应清洁、无腐蚀性气体,也不应有剧烈振动。距地面的高度明装不低于 1.8m,暗装不低于 1.4m。

(2) 为保证电能表的准确度,应按电能表的额定频率、电压和电流进行工作。经互感器接入的电能表,其铭牌上的电压与电流应分别与电压互感器的次级侧额定电压和电流互感器的次级额定电流相符。

(3) 电能表不经互感器接入电路,可以从电表直接读得电量数。若经互感器接入电路,必须根据互感器的变压比来确定读数,将变压比乘电表读数即得实际电量。

 知识拓展

　　IC 卡预付费电能表是以 IC 卡作为电能量数据传输介质,在电能表(电子式电能表或机械式电能表)中加入负荷控制部分等功能模块,从而实现电量抄收和电量结算的智能型电能表,如图 2-22 所示。实行先买电后用电,客户可以根据自己的实际需要有计划地购电、用电,避免人工抄表上门收费给客户带来的诸多不便,且历史购电数据均可以保存,便于客户查询。它具有多种防窃电功能,并且启动电流小、无潜动、宽负荷、低功耗,误差曲线平直、长期运行时稳定性好,外形美观、体积小、重量轻、安装方便。

图 2-22　IC 卡预付费电能表

项目小结

(1) 电路是电流流过的路径,一个完整的电路通常由电源、负载、连接导线和控制装置四部分组成。

（2）由理想电路元件组成的电路称为电路模型，也叫作实际电路的电路原理图，简称为电路图。

（3）电路通常具有三种工作状态：通路、断路、短路。

（4）电流：金属导体内有大量的自由电荷（自由电子），在电场力的作用下，自由电子会作有规律的运动。

（5）电动势：电动势的大小等于电源力把单位正电荷从电源的负极，经过电源内部移到电源正极所做的功。

（6）电阻与电阻率、导线长度、导线横截面积有关：$R = \rho \dfrac{l}{S}$。

（7）欧姆定律：在同一电路中，导体中的电流跟导体两端的电压成正比，跟导体的电阻成反比，$I = \dfrac{U}{R}$。

（8）全电路欧姆定律适用范围：只适用于纯电阻电路或线性变化电路。

（9）电流所做的功叫电功，电流做功的过程，就是电能转化为其他形式的能的过程。

（10）电功率表示电流做功的快慢，其定义是单位时间内电流所做的功。

（11）电功率计算公式：$P = \dfrac{W}{t} = UI = I^2 R = \dfrac{U^2}{R}$。

（12）电功的计算公式：$W = Pt = UIt = I^2 Rt = \dfrac{U^2}{R} t$。

（13）电能转化为内能的现象叫电流的热效应。电流通过导体时产生的热量（焦耳热）为 $Q = I^2 Rt$。

（14）电能表是测量电能的仪表，又称电度表、火表、千瓦小时表。

技能训练2　组装简单电路

一、实训目的

（1）能理解电路中各元件的基本功能。

（2）能画出简单的电路图并进行正确接线。

（3）能进行电路通路、断路和短路现象的辨析。

二、实训要求

（1）能根据设计要求自己设计电路。

（2）能通过实物连接，使开关控制小灯泡（小电动机、音乐门铃）的通断。

三、实训器材

小灯泡、小电动机、音乐门铃各一个，开关，两节电池（带电池盒）和导线。

四、实训步骤

(1) 先将小灯泡、电池和开关正确地连接起来,闭合开关,观察小灯泡是否发光,再断开开关,观察小灯泡是否熄灭。

(2) 分别用小电动机、音乐门铃代替小灯泡,重复上述实验。

(3) 若小灯泡不亮,可能的故障是什么? 你是如何排除的?

(4) 在下面三个虚线框中分别画出上面三个电路的电路图。("音乐门铃"可用符号 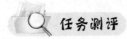 表示。)

五、注意事项

(1) 在连接电路的过程中,开关必须断开。

(2) 若使用没有接线叉的导线连接电路,应将导线按顺时针方向绕紧在接线柱上。

(3) 绝对不允许不经过用电器,用导线把电池的两极直接连接起来。

(4) 拆除电路时,要先断开开关。

任务测评

任务完成后填写任务考核评价表,见表 2-5。

表 2-5 考核评价表

任务名称	组装简单电路			姓名			总分	
考核项目	考核内容	配分	评分标准				自评	互评	师评
			优	良	中	合格			
知识与技能(50分)	(1) 能正确理解各元件在电路中的作用	5	5	4	3	2			
	(2) 能掌握电路通路、断路、短路的状态	10	10	8	7	6			
	(3) 能根据要求设计电路	15	15	12	10	8			
	(4) 能进行电路正确接线	10	10	8	7	6			
	(5) 能根据故障现象排除故障	10	10	8	7	6			

考核项目	考核内容	配分	评分标准				自评	互评	师评
			优	良	中	合格			
过程与方法(20分)	(1) 能借助信息化资源进行信息收集,自主学习	5	5	4	3	2			
	(2) 能够在实操过程中发现问题并解决问题	5	5	4	3	2			
	(3) 工作实施计划合理,任务书填写完整	5	5	4	3	2			
	(4) 能与老师进行交流,提出关键问题,有效互动	5	5	4	3	2			
情感态度与价值观(30分)	(1) 能与同学良好沟通,小组协作	6	6	5	4	3			
	(2) 态度端正,认真参与,遵守管理规定及劳动纪律	6	6	5	4	3			
	(3) 安全操作,无损伤、损坏元件及设备,并提醒他人	6	6	5	4	3			
	(4) 按时完成任务,工作积极主动	6	6	5	4	3			
	(5) 实训结束台面整洁,工具摆放整齐	6	6	5	4	3			
总　计			100						

技能训练 3　学会使用直流电流表和电压表

一、实训目的

(1) 能熟悉直流测量仪表的使用方法。
(2) 能掌握直流电压、直流电流的测量方法。
(3) 能了解测量仪表量程、准确度对测量结果的影响。

二、实训要求

(1) 能运用直流电压、电流表进行正确测量。
(2) 能比较验证直流电压表、直流电流表与万用表测量的结果。

三、实训器材

双路直流电压源、直流电流源、直流电压表、直流电流表、数字式万用表、若干电阻、导线。直流电源技术性能、数字直流仪表技术性能要求分别见表2-6、表2-7。

表 2-6　直流电源技术性能

仪　器	输出电压范围	输出电流范围
直流稳压源	0～30V	0～1A
直流稳流源	0～30V	0～200mA

表 2-7　数字直流仪表技术性能

仪　器	输入阻抗	量程范围	测量精度
直流电压表	500kΩ(200mV、2V 挡)或 5MΩ(20V、200V 挡)	0～200V	0.5 级
直流电流表	10Ω(2mA)或 1Ω(20mA、200mA)或 0.1Ω(2A)	0～2A	0.5 级

四、实训步骤

（1）将直流电压表跨接（并接）在待测电压处，可以测量其电压值。直流电压表的正负极性与电路中实际电压极性相对应时，才能正确测得电压值。

电流表则需要串联在待测支路中才能测量该支路中的电流。电流表两端也标有正负极性，当待测电流从电流表的"正"流到"负"时，电流表显示为正值。

（2）分别用直流测量仪器、万用表测量出电压值和电流值，与计算值相比是否有误差存在？与什么因素有关？

（3）填写实验数据。

假定 $U_1+U_2 \approx U_S$，$I_1+I_2 \approx I_S$，将直流电压测量值填写在表 2-8 中；将直值流电流测量填写在表 2-9 中。

表 2-8　测量直流电压（量程为 15V、2V）

仪　器	使用万用表测量	使用直流电压表测量
U_1(V)/量程(V)		
U_2(V)/量程(V)		
U_S(V)/量程(V)		

表 2-9　测量直流电流（量程为 20mA、2mA）

R_1/R_2(Ω)	10/10	1k/1k	10/10	1k/1k
I_1(mA)/量程(mA)				
I_2(mA)/量程(mA)				
I_S(mA)/量程(mA)				

五、注意事项

（1）直流仪表的测量误差通常由其说明书上的计算公式给出，与测量值以及量程大小有关。

（2）绝对不允许不经过用电器，用导线把电池的两极直接连接起来。

（3）拆除电路时，要先断开开关。

（4）电流表必须串联接入电路，直接串联或与分流电阻并联后串入。

（5）电压表必须并联接入电路，直接并联或与分压电阻串联后并入。

（6）注意电流表、电压表量程的选择，避免烧坏仪表。

（7）直流仪表注意极性的选择，避免指针反偏，打坏指针。

任务测评

任务完成后填写任务考核评价表，见表2-10。

表2-10　考核评价表

任务名称	学会使用直流电流表和电压表		姓名				总分		
考核项目	考核内容	配分	评分标准				自评	互评	师评
			优	良	中	合格			
知识与技能（50分）	（1）能认识常见的测量仪表	5	5	4	3	2			
	（2）能掌握测量仪表的使用方法	10	10	8	7	6			
	（3）能进行正确接线	10	10	8	7	6			
	（4）能正确测量数据	10	10	8	7	6			
	（5）能进行测量误差的相关分析计算	15	15	12	10	8			
过程与方法（20分）	（1）能借助信息化资源进行信息收集，自主学习	5	5	4	3	2			
	（2）能够在实操过程中发现问题并解决问题	5	5	4	3	2			
	（3）工作实施计划合理，任务书填写完整	5	5	4	3	2			
	（4）能与老师进行交流，提出关键问题，有效互动	5	5	4	3	2			
情感态度与价值观（30分）	（1）能与同学良好沟通，小组协作	6	6	5	4	3			
	（2）态度端正，认真参与，遵守管理规定及劳动纪律	6	6	5	4	3			
	（3）安全操作，无损伤、损坏元件及设备，并提醒他人	6	6	5	4	3			
	（4）按时完成任务，工作积极主动	6	6	5	4	3			
	（5）实训结束台面整洁，工具摆放整齐	6	6	5	4	3			
总　计		100							

达标检测

1. 判断题

（1）电位高低的含义是指该点对参考点间的电流大小。　　　　　（　　）

（2）一段电路的电压 $U_{ab}=-10V$，该电压实际上是 a 点电位高于 b 点电位。（　　）

（3）通过电阻上的电流增大到原来的2倍时，电阻消耗的电功率也增大到原来的2倍。　　　　　（　　）

(4) 万用表测试电阻时可以用手触及电阻。　　　　　　　　　　　　(　)

(5) 人们常用"负载大小"来指负载电功率大小,在电压一定的情况下,负载大小是指通过负载的电流的大小。　　　　　　　　　　　　　　　　　　　　(　)

(6) 电路图是根据电气元件的实际位置和实际连线连接起来的。　　　　(　)

(7) 蓄电池在电路中必是电源,总是把化学能转换成电能。　　　　　　(　)

(8) 电阻元件的伏安特性曲线是过原点的直线时,称为线性电阻。　　　(　)

(9) 欧姆定律适用于任何电路和任何元件。　　　　　　　　　　　　　(　)

(10) 公式 $P=UI=I^2R=\dfrac{U^2}{R}$ 在任何条件下都是成立的。　　　　　(　)

2. 填空题

(1) 电路的作用是实现电能的_____和_____。

(2) 电路通常有_____、_____和_____三种状态。

(3) 在一定的温度下,导体的电阻和它的_____成正比,而和它的_____成反比,这个规律叫电阻定律。

(4) 电荷的_____移动形成电流,它的大小是指单位_____内通过导体截面的_____。

(5) 阻值为 200Ω、额定功率为 1/2W 的电阻器,使用时允许通过的最大电压为_____V,最大电流为_____A。

(6) 两个电阻的伏安特性曲线如图 2-23 所示,则 R_a 比 R_b _____(大、小)。$R_a=$ _____,$R_b=$ _____。

(7) 如图 2-24 所示,Ⓜ是_____表,B 点接Ⓜ的_____接线柱;Ⓝ是_____表,D 点接Ⓝ的_____接线柱。

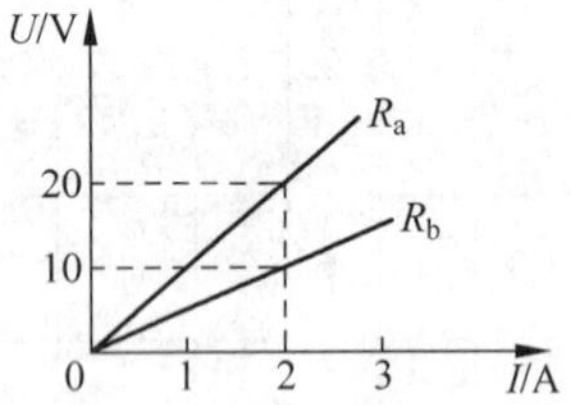

图 2-23 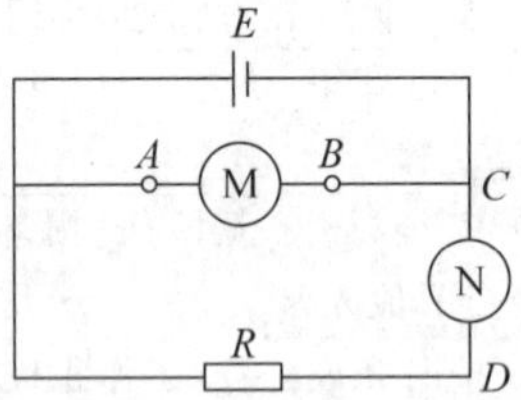　　　　　　　　　　　　　图 2-24

(8) 某礼堂有 40 盏白炽灯,每盏灯的功率为 100W,则全部灯点亮 2h,消耗的电能为_____kWh。

(9) 某导体的电阻是 1Ω,通过它的电流是 1A,那么在 1min 内通过导体截面的电荷量是_____C,电流做的功是_____J,它消耗的功率是_____W。

3. 选择题

(1) 将一根导线均匀拉长为原长度的 3 倍,则阻值为原来的(　)倍。

　　A. 3　　　　　　B. 1/3　　　　　　C. 9　　　　　　D. 1/9

(2) 额定电压为 220V 的灯泡接在 110V 电源上,灯泡的功率是原来的(　)。

　　A. 2　　　　　　B. 4　　　　　　C. 1/2　　　　　　D. 1/4

(3) 两只额定电压相同的电阻串联接在电路中,其阻值较大的电阻发热( )。

    A. 相同   B. 较大

    C. 较小   D. 以上均不正确

(4) 电路主要由负载、线路、电源和( )组成。

    A. 变压器   B. 开关   C. 发电机   D. 仪表

(5) 导体的电阻不但与导体的长度、截面有关,还与导体的( )有关。

    A. 温度   B. 湿度   C. 距离   D. 材质

(6) 以下选项中,不属于导体的是( )。

    A. 石墨   B. 银   C. 铁   D. 塑料

(7) 有甲、乙两盏电灯,甲灯上标有"36V 60W",乙灯上标有"220V 60W",当它们分别在其额定电压下工作发光时,其亮度是( )。

    A. 乙灯比甲灯更亮   B. 甲灯比乙灯更亮

    C. 两盏灯一样亮   D. 无法判定哪盏灯更亮

(8) 小刚利用电能表测某家用电器的电功率,当电路中只有这个用电器工作时,测得在 15min 内,消耗电能 0.3kWh,这个用电器可能是( )。

    A. 空调器   B. 电冰箱   C. 电视机   D. 收音机

(9) 小灯泡额定电压为 6V,额定功率估计在 7～12W,小佳按如图 2-25(a)所示的电路测定灯的功率,所用电流表有 0.6A、3A 两挡,电压表有 3V、15V 两挡,将它们连入电路时小佳作了正确选择与操作,变阻器滑到某处时两电表示数如图 2-25(b)、(c)所示,则( )。

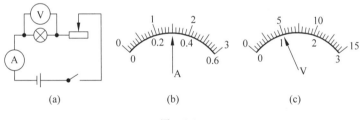

图 2-25

    A. 小灯泡额定功率为 7.5W   B. 在 5V 时小灯泡的功率为 7.5W

    C. 在 1V 电压下小灯泡功率 7.5W   D. 在 5V 时小灯泡功率为 1.5W

(10) 图 2-26 所示是目前市场上广泛使用的电子秤的简单电路图,秤盘和滑动变阻器通过滑片 P 连在一起,物体质量大小可以通过电流表示数大小显示出来。当闭合开关时,下列说法正确的是( )。

    A. 若被测物体质量变大,则电流表示数变大

    B. 若被测物体质量变小,则电流表示数变大

    C. 若被测物体质量变大,电路的总电阻变小

    D. 该电路属于并联电路

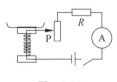

图 2-26

4. 综合题

(1) 额定值为 100V、10W 的电源能保证额定电压为 100V 的 2kΩ 电阻器正常工作吗？该电源能否为 100V 的 200Ω 电阻正常供电？简述理由。

(2) 铜导线长 100m,横截面积为 $0.1mm^2$,试求该导线在 20℃时的电阻值。

(3) 有一根康铜丝,横截面积为 $0.1mm^2$,长度为 1.2m,在它的两端加 0.6V 电压时,通过它的电流正好是 0.1A。求这种康铜丝的电阻率。

(4) 一个 1600W、220V 的电炉正常工作时的电流多大？如果不考虑温度对电阻的影响,把它接在 110V 的电源上,实际消耗的功率多大？

(5) 在图 2-27 所示的电路中,电池的电动势 $E=5V$,内电阻 $r=10Ω$,固定电阻 $R=90Ω$,R_0 是滑动变阻器,在 R_0 由零增加到 400Ω 的过程中,求：

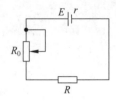

图 2-27

① 滑动变阻器 R_0 上消耗热功率最大的条件和最大热功率。

② 电池的内电阻 r 和固定电阻 R 上消耗的最小热功率之和。

项目

认识简单直流电路

 知识目标

(1) 能熟悉串联电路、并联电路、混联电路的特点；
(2) 能掌握串联、并联电路中电压、电流、功率的关系；
(3) 能掌握混联电路分析的步骤。

 能力目标

(1) 能分析实际的串联电路、并联电路、混联电路；
(2) 能对串联电路、并联电路进行等效运算；
(3) 能识别混联电路中的串联与并联。

 素养目标

(1) 能养成严谨细致、一丝不苟、实事求是的科学态度和探索精神；
(2) 能形成严谨认真的工作态度，具备工作岗位的安全操作意识。

 项目导入

　　测量直流电路中电流、电压、电阻、电源电动势等物理量的仪表称为直流仪表，直流电主要应用于各种电子仪器、电解、电镀、直流电力拖动等方面。日常生活中的汽车、电动自行车等交通工具的电源都是直流电源,如图 3-1 所示。生活中我们经常遇到一些串、并联电路,诸如公路上的路灯,家庭用电器的连接等,本项目我们学习一下串、并联电路的特点及应用。

图 3-1 .汽车电瓶

任务 3.1　探究串联电路

(1) 能理解串联电路的基本特点;
(2) 能掌握串联电路中电压、电流、功率的关系;
(3) 能对串联电路进行实际等效运算。

3.1.1　电阻串联

将若干个电阻元件顺序地头尾相接连在一起的连接方式称为串联,组成的电路称为串联电阻电路。在串联电路中电流只有一条通路,开关控制整个电路的通断,各用电器之间相互影响。电阻串联电路如图 3-2 所示,其有如下特点。

设总电压为 U、电流为 I、总功率为 P。

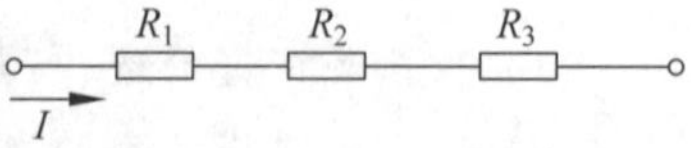

(1) 串联电阻电路中的各个电阻可以用一个电阻代替,这个电阻叫作串联电阻的等效电阻。它等于各个电阻之和:

图 3-2　电阻的串联

$$R = R_1 + R_2 + \cdots + R_n$$

(2) 流过串联元件的电流处处相等,电路中各电阻两端的电压与它的阻值成正比:

$$I = I_1 = I_2 = I_3, \quad \frac{U_1}{R_1} = \frac{U_2}{R_2} = \cdots = \frac{U_n}{R_n} = \frac{U}{R} = I$$

（3）串联各元件电压降（功率）之和，等于串联电路总的电压（功率），可视为分压关系：

$$E = U = U_1 + U_2 + U_3, \quad P = P_1 + P_2 + P_3$$

功率分配：

$$\frac{P_1}{R_1} = \frac{P_2}{R_2} = \cdots = \frac{P_n}{R_n} = \frac{P}{R} = I^2$$

（4）如果有 n 个相同的电池串联，每个电池的电动势均为 E、内阻均为 r，那么整个串联电池组的电动势与等效内阻分别为

$$E_{串} = nE, \quad r_{串} = nr$$

串联电池组的电动势是单个电池电动势的 n 倍，额定电流相同。

如果两只电阻 R_1、R_2 串联时，等效电阻 $R = R_1 + R_2$，则有分压公式：

$$U_1 = \frac{R_1}{R_1 + R_2}U, \quad U_2 = \frac{R_2}{R_1 + R_2}U$$

利用串联分压的原理可以扩大电压表的量程，还可以制成电阻分压器，如电位器、可变电阻器等。

3.1.2 应用举例

在电路中，若想控制所有电路，即可使用串联的电路，若电路中有一个用电器坏了，整个电路意味着处于断路状态，下面我们看一下它的应用。

例 3-1 有一盏额定电压为 $U_1 = 40V$、额定电流为 $I = 5A$ 的电灯，应该怎样把它接入电压 $U = 220V$ 照明电路中？

解 将电灯（设电阻为 R_1）与一只分压电阻 R_2 串联后，接入 $U = 220V$ 电源上，如图 3-3 所示。

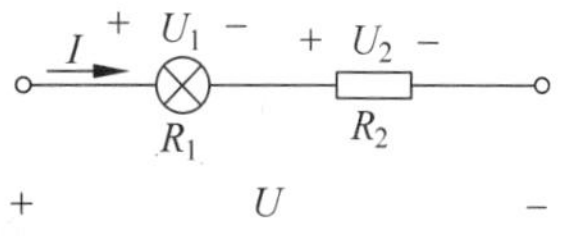

方法 1 分压电阻 R_2 上的电压为

$U_2 = U - U_1 = 220 - 40 = 180(V)$，且 $U_2 = R_2 I$，则

$$R_2 = \frac{U_2}{I} = \frac{180}{5} = 36(\Omega)$$

图 3-3

方法 2 利用两只电阻串联的分压公式 $U_1 = \frac{R_1}{R_1 + R_2}U$，且 $R_1 = \frac{U_1}{I} = 8\Omega$，可得

$$R_2 = R_1\frac{U - U_1}{U_1} = 36(\Omega)$$

即将电灯与一只 36Ω 分压电阻串联后，接入 $U = 220V$ 电源上即可。

例 3-2 有一只电流表，内阻 $R_g = 1k\Omega$，满偏电流为 $I_g = 100\mu A$，要把它改成量程为 $U_n = 3V$ 的电压表，应该串联一只多大的分压电阻 R？

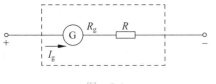

图 3-4

解 如图 3-4 所示，该电流表的电压量程为 $U_g = R_g I_g = 0.1V$，与分压电阻 R 串联后的总电压 $U_n = 3V$，即将电压量程扩大到 $n = U_n/U_g = $

30 倍。

利用两只电阻串联的分压公式,可得 $U_g = \dfrac{R_g}{R_g+R}U_n$,则

$$R = \frac{U_n - U_g}{U_g}R_g = \left(\frac{U_n}{U_g} - 1\right)R_g = (n-1)R_g = 29(\text{k}\Omega)$$

本例说明,将一只量程为 U_g、内阻为 R_g 的表头扩大到量程为 U_n,所需要的分压电阻为 $R=(n-1)R_g$,其中 $n=U_n/U_g$ 称为电压扩大倍数。

 知识拓展

电动代步车由蓄电池、电动轮毂、控制器、充电器四大件和车体部分组成,如图 3-5 所示。对于安全性有更高要求的生产厂家,则根据汽车的设计思路进行整体设计,整车一般分为电力供应系统、前桥、后桥、控制器、车架等几部分。由于当前锂电成本相对比较高,一般厂家采用铅酸电池,由多个 12V 电池串联成电池组,作为电力供应系统。根据国家相关规定,电动车的电压不得超过 48V。

图 3-5　电动代步车

任务 3.2　探究并联电路

 任务目标

(1) 能理解并联电路的基本特点;
(2) 能掌握并联电路中电压、电流、功率的关系;
(3) 能对并联电路进行实际等效运算。

3.2.1　电阻并联

若将几个电阻元件都接在两个共同端点之间,这种连接方式称为并联,组成的电路为并联电阻电路。并联电路是使在构成并联的电路元件间电流有一条以上的相互独立通路,每一条电路之间互相独立无影响,有一个电路元件短路则会造成电源短路。电阻并联电路如图3-6所示,其有如下特点。

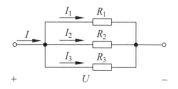

图3-6　电阻的并联

设总电流为I、电压为U、总功率为P。

(1) 并联各电阻可等效为一个总电阻,等效电阻值的倒数等于各电阻值的倒数之和。或可以说等效电导等于各支路的电导的和。

$$G = G_1 + G_2 + \cdots + G_n, \quad 即 \quad \frac{1}{R} = \frac{1}{R_1} + \frac{1}{R_2} + \cdots + \frac{1}{R_n}$$

并联一个电阻的结果总是使等效电阻减小,且等效电阻比各并联电阻中的任一个都要小。

(2) 并联各电阻承受同一电压,即各电阻上的端电压相等,电路中各电阻两端的电流与它的阻值成反比。

$$E = U = U_1 = U_2 = U_3, \quad R_1 I_1 = R_2 I_2 = \cdots = R_n I_n = RI = U$$

(3) 流过并联各支路的电流之和,等于并联电路总电流,可视为分流关系:

$$I = I_1 + I_2 + I_3$$

功率分配:

$$R_1 P_1 = R_2 P_2 = \cdots = R_n P_n = RP = U^2$$

(4) 如果有n个相同的电池并联,每个电池的电动势均为E、内阻均为r,那么整个并联电池组的电动势与等效内阻分别为

$$E_并 = E, \quad r_并 = r/n$$

并联电池组的额定电流是单个电池额定电流的n倍,电动势相同。

如果两只电阻R_1、R_2并联时,等效电阻$R = \dfrac{R_1 R_2}{R_1 + R_2}$,则有分流公式:

$$I_1 = \frac{R_2}{R_1 + R_2} I, \quad I_2 = \frac{R_1}{R_1 + R_2} I$$

3.2.2　应用举例

并联电路中一个用电器可独立完成工作,一个用电器坏了,不影响其他用电器。并联电路各处电流加起来才等于总电流,所以电路中电流消耗大。

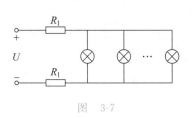

图　3-7

例3-3　如图3-7所示,电源供电电压$U = 220\text{V}$,每根输电导线的电阻均为$R_1 = 1\Omega$,电路中一共并联100盏额定电压220V、功率40W的电灯。假设电灯在工作(发光)时电阻值为常数,试求:①当只有10盏电灯工作时,每盏电灯的电压U_L和功率P_L;②当100盏电灯全部工作时,每盏电灯的电压U_L和功率P_L。

解 每盏电灯的电阻为 $R=U^2/P=1210\Omega$，n 盏电灯并联后的等效电阻为 $R_n=R/n$。根据分压公式,可得每盏电灯的电压:

$$U_L = \frac{R_n}{2R_1+R_n}U$$

功率:

$$P_L = \frac{U_L^2}{R}$$

(1) 当只有 10 盏电灯工作时,即 $n=10$,则 $R_n=R/n=121\Omega$,因此

$$U_L = \frac{R_n}{2R_1+R_n}U \approx 216(V), \quad P_L = \frac{U_L^2}{R} \approx 39(W)$$

(2) 当 100 盏电灯全部工作时,即 $n=100$,则 $R_n=R/n=12.1\Omega$,因此

$$U_L = \frac{R_n}{2R_1+R_n}U \approx 189(V), \quad P_L = \frac{U_L^2}{R} \approx 29(W)$$

例 3-4 有一只微安表,满偏电流为 $I_g=100\mu A$、内阻 $R_g=1k\Omega$,要改装成量程为 $I_n=100mA$ 的电流表,试求所需分流电阻 R。

解 如图 3-8 所示,设 $n=I_n/I_g$(称为电流扩大倍数),根据分流公式可得 $I_g = \frac{R}{R_g+R}I_n$,则

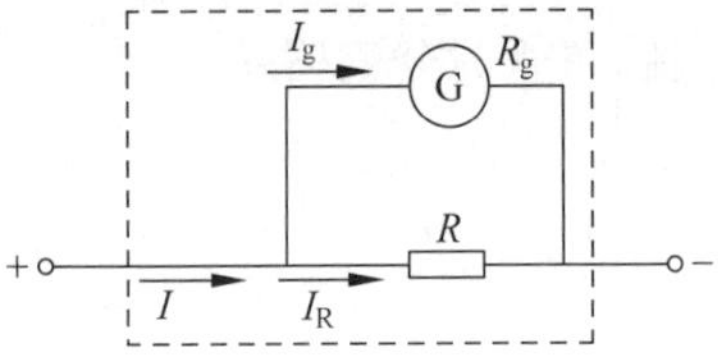

$$R = \frac{R_g}{n-1}$$

本题中

$$n = I_n/I_g = 1000$$

$$R = \frac{R_g}{n-1} = \frac{1000}{1000-1} \approx 1(\Omega)$$

图 3-8

本例说明,将一只量程为 I_g、内阻为 R_g 的表头扩大到量程为 I_n,需要的分流电阻为 $R=R_g/(n-1)$,其中 $n=I_n/I_g$ 称为电流扩大倍数。

知识拓展

路灯是给道路提供照明功能的灯具,如图 3-9 所示。早期的路灯在每根电线杆上装闸刀开关,需要工人每天开启关闭。随着技术的发展,改用若干路灯合用一个开关,构成并联电路。路灯按高度分高杆路灯、中杆路灯、道路灯、庭院灯、草坪灯;按光源分钠灯路灯、LED 路灯、节能路灯、新型索明氙气路灯;按造型分中华灯、仿古灯、景观灯、单臂路灯、双臂路灯。近几年我国的路灯建设取得了飞速的发展,道路照明质量不断提

图 3-9 路灯

高,高强度气体放电灯广泛使用,方便了群众生活,美化了城市环境。

任务3.3　探究混联电路

任务目标

（1）能掌握混联电路的分析步骤;

（2）能识别混联电路中的串联与并联;

（3）能对复杂混联电路进行等效与计算。

3.3.1　分析步骤

在电阻电路中,既有电阻的串联关系又有电阻的并联关系,称为电阻混联。对混联电路的分析和计算可分为以下几个步骤:首先理清电路中电阻串、并联关系,必要时重新画出串、并联关系明确的电路图;其次利用串、并联等效电阻公式计算出电路中总的等效电阻;然后根据已知条件进行计算,确定电路的总电压与总电流;最后根据电阻分压关系和分流关系,逐步推算出各支路的电流或电压。

在这些步骤中,最重要也是最难判断准确的一步就是电路图的分析,如果我们能把握其中一些重要的概念和方法,经过多次练习,是可以突破这一难点的。

（1）相同的点。用导线直接连接起来,相交而连接的点算作"相同的点",有三部分以上导体（包括开关、导线、用电器、电压表）在此相连的点即为相交而连接的点。如图 3-10 所示,A、B、C、D、E、F 等点都是这种性质的点,在该点上连接的任何一个导体都具有相同的电位。

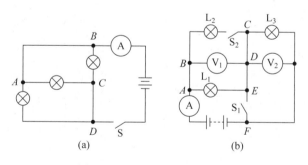

图 3-10　电路图中"相同的点"

（2）干路和支路的区分。靠近电源正负极最近的相交而连接的点以内为干路,其余为支路。在图 3-10 中,(a)图的干路为 B 点经电源到 D 点的电路部分,(b)图的干路为 A 点经电源到 F 点的电路部分。

（3）分析电路时,电流表当导线,电压表放在最后处理,分析前先拿掉它。在图 3-10(b) 中,电压表 V_1、V_2 所在支路可放在最后分析。

（4）支路中的开关若处于断开状态,开关控制的支路则没有用,就可以去掉。

例 3-5　如图 3-11 所示,已知 $R_1=R_2=8\Omega$, $R_3=R_4=6\Omega$, $R_5=R_6=4\Omega$, $R_7=R_8=24\Omega$, $R_9=16\Omega$；电压 $U=224\mathrm{V}$。试求:

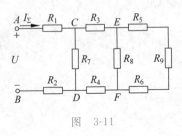

图　3-11

（1）电路总的等效电阻 R_{AB} 与总电流 I_Σ。

（2）电阻 R_9 两端的电压 U_9 和通过它的电流 I_9。

解　（1）R_5、R_6、R_9 三者串联后,再与 R_8 并联,E、F 两端等效电阻为

$$R_{EF}=(R_5+R_6+R_9)\mathbin{/\!/}R_8$$
$$=24\mathbin{/\!/}24=12(\Omega)$$

R_{EF}、R_3、R_4 三者电阻串联后,再与 R_7 并联,C、D 两端等效电阻为

$$R_{CD}=(R_3+R_{EF}+R_4)\mathbin{/\!/}R_7=24\mathbin{/\!/}24=12(\Omega)$$

总的等效电阻

$$R_{AB}=R_1+R_{CD}+R_2=28(\Omega)$$

总电流

$$I_\Sigma=U/R_{AB}=224/28=8(\mathrm{A})$$

（2）利用分压关系求各部分电压：

$$U_{CD}=R_{CD}I_\Sigma=96(\mathrm{V})$$

$$U_{EF}=\frac{R_{EF}}{R_3+R_{EF}+R_4}U_{CD}=\frac{12}{24}\times96=48(\mathrm{V})$$

$$I_9=\frac{U_{EF}}{R_5+R_6+R_9}=2(\mathrm{A}),\quad U_9=R_9I_9=32(\mathrm{V})$$

例 3-6　如图 3-12(a)所示,已知 $R=10\Omega$,电源电动势 $E=6\mathrm{V}$,内阻 $r=0.5\Omega$。试求电路中的总电流 I。

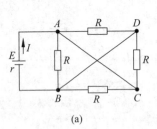

(a)

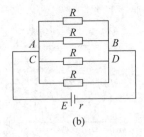

(b)

图　3-12

解　首先理清电路中电阻串、并联关系,并画出等效电路,如图 3-12(b)所示。

四只电阻并联的等效电阻为

$$R_e=R/4=2.5(\Omega)$$

根据全电路欧姆定律,电路中的总电流为

$$I=\frac{E}{R_e+r}=2(\mathrm{A})$$

3.3.2 串、并联电路的识别

1. 定义法

若电路中的各元件是逐个顺次连接起来的,则电路为串联电路;若各元件"首首相接,尾尾相连"并列地连在电路两点之间,则电路就是并联电路。

2. 电流流向法

电流流向法是电路分析中常用的一种方法。从电源的正极(或负极)出发,沿电流流向,分析电流通过的路径。若只有一条路径通过所有的用电器,则这个电路是串联的,如图 3-13(a)所示;若电流在某处分支,又在另一处汇合,则分支处到汇合处之间的电路是并联的,如图 3-13(b)所示。

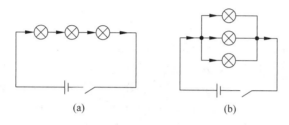

图 3-13 电流流向法

例 3-7 分析图 3-14 所示电路,开关闭合后,三盏灯的连接形式,并分析开关的作用。

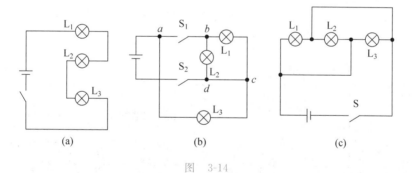

图 3-14

分析 用"电流流向法"来判断。在图 3-14(a)所示的电路中,从电源的正极出发,电流依次通过了灯 L_1、L_2 和 L_3,电路中没有出现"分叉",如图 3-15 分析等效电路的虚线所示,所以这三盏灯是串联的。在串联电路中,一个开关可以控制所有的用电器。

为识别图 3-14(b)所示电路的连接方式,可以先用虚线将电流通过的所有路径在图中画出来,如图 3-16 所示。

由此可看出灯 L_1、L_2 和 L_3 分别在三条支路上,所以这三盏灯是并联的。其中通过灯 L_1、L_2 的电流通过了开关 S_1,当开关 S_1 断开时,灯 L_1、L_2 中没有电流通过,两灯熄灭,因此开关 S_1 控制 L_1、L_2 两盏灯泡。开关 S_2 在干路上,控制三盏灯。

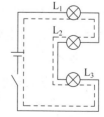

图 3-15 等效电路

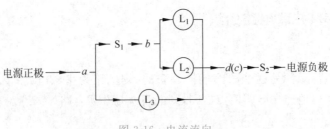

图 3-16 电流流向

如图 3-17 所示,分析等效电路时用"电流流向法"画出了图 3-14(c)中的电流流向。如图 3-17 的虚线所示,电流有三条通路,且每一条通路上只有一个用电器,此电路为并联电路。开关 S 在干路上,控制三盏灯。

3. 节点法

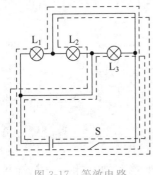

节点法就是在识别电路的过程中,无论导线有多长,只要其间没有电源、用电器等,导线两端点均可以看成同一个点,从而找出各用电器两端的公共点。以图 3-14(c)为例,先在图中将各接点处用字母表示出来,如图 3-18(a)所示。

由"节点法"可知,导线的 a 端和 c 端看成一个点,导线的 b 端和 d 端看成一个点,这样 L_1、L_2 和 L_3 的一端重合为一个点,另一端重合为另一个点,由此可知,该电路有三条支路,并由"电流流向法"可知,电流分三条叉,因此这个电路是三盏电灯的并联,等效电路如图 3-18(b)所示。

图 3-17 等效电路

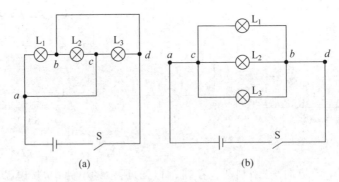

(a)   (b)

图 3-18 "节点法"等效电路

对于电路中有三个用电器,而只有两条电流路径的情况,那么就会有一个用电器在干路上,或者有两个用电器串联在一条支路上,这个电路一定是混联。这两种情况分别如图 3-19(a)、(b)所示。

4. 拆除法

拆除法是识别较难电路的一种重要方法,它的原理就是串联电路中各用电器互相影响,拆除任何一个用电器,其他用电器中就没有电流了;而并联电路中,各用电器独立工作,互不影响,拆除任何一个或几个用电器,都不会影响其他用电器。

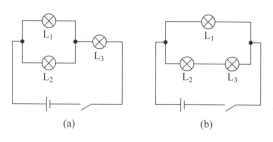

图 3-19　混联电路

例 3-8　如图 3-20 所示,两个灯泡通过灯座装在一个木匣子上,A、B、C、D 分别是连接两灯泡灯座的接线柱。E、F 两接线柱间接上电源后,两灯泡发光。如何判断两灯泡是串联还是并联? 简要叙述你的判断过程。

分析　根据串、并联电路特点进行分析,串联电路只有一个电流的路径,只要一处断开,整个电路断路,即其他用电器不能工作;并联电路有两个或两个以上电流的通路,其中一个支路断开,其他支路的用电器仍然工作,即各用电器件互不影响。因此可用断路法进行判断。

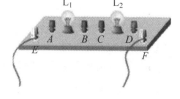

图 3-20　例 3-8 图

答案　拧下一只灯泡,若另一只灯泡熄灭则两灯串联,否则两灯并联。

 知识拓展

节日中的一串串彩灯绚丽多彩,如图 3-21 所示。它们内部结构与一般的灯不一样,每个灯泡除了有灯丝以外还有一个电阻并联在两个灯脚之间,实际上,这个电阻就是一段金属丝,阻值远大于灯丝的电阻。小灯在发光时绝大部分电流是通过灯丝的,只有少量电流通过电阻,小灯泡正常发光。当灯丝烧毁后电流全部通过电阻,电阻上的电压将大大增加,使其他灯上的电压减小,所以其他的灯泡变得比原来暗一些,但都是亮的,不会因一个灯坏,而导致全不亮。

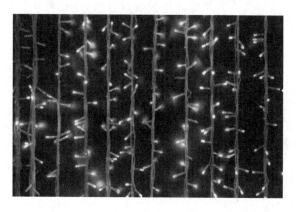

图 3-21　小彩灯

项 目 小 结

（1）将若干个电阻元件,顺序地头尾相连在一起的连接方式称为串联,组成的电路称为串联电阻电路。

（2）串联电阻的等效电阻等于各个电阻之和：$R=R_1+R_2+\cdots+R_n$。

（3）流过串联元件的电流处处相等,电路中各电阻两端的电压与它的阻值成正比：$I=I_1=I_2=I_3$,$\dfrac{U_1}{R_1}=\dfrac{U_2}{R_2}=\cdots=\dfrac{U_n}{R_n}=\dfrac{U}{R}=I$。

（4）串联各元件电压降（功率）之和,等于串联电路总的电压（功率）,可视为分压关系：$E=U=U_1+U_2+U_3$,$P=P_1+P_2+P_3$,$\dfrac{P_1}{R_1}=\dfrac{P_2}{R_2}=\cdots=\dfrac{P_n}{R_n}=\dfrac{P}{R}=I^2$。

（5）n 个相同的电池串联,串联电池组的电动势 $E_{串}=nE$,等效内阻 $r_{串}=nr$。

（6）若将几个电阻元件都接在两个共同端点之间,这种连接方式称为并联。

（7）并联各电阻可等效为一个总电阻,等效电阻值的倒数等于各电阻值的倒数之和。等效电导等于各支路电导的和：$G=G_1+G_2+\cdots+G_n$,即 $\dfrac{1}{R}=\dfrac{1}{R_1}+\dfrac{1}{R_2}+\cdots+\dfrac{1}{R_n}$。

（8）并联各电阻承受同一电压,即各电阻上的端电压相等。电路中各电阻两端的电流与它的阻值成反比。$E=U=U_1=U_2=U_3$,$R_1I_1=R_2I_2=\cdots=R_nI_n=RI=U$。

（9）流过并联各支路的电流之和等于并联电路总电流,可视为分流关系：$I=I_1+I_2+I_3$。

（10）并联电路的功率关系：$R_1P_1=R_2P_2=\cdots=R_nP_n=RP=U^2$。

（11）如果有 n 个相同的电池并联,每个电池的电动势均为 E、内阻均为 r,并联电池组的电动势与等效内阻分别为 $E_{并}=E$,$r_{并}=r/n$。

（12）在电阻电路中,既有电阻的串联关系又有电阻的并联关系,称为电阻混联。

（13）靠近电源正负极最近的相交而连接的点以内为干路,其余为支路。

（14）串、并联电路的识别方法：定义法、电流流向法、节点法、拆除法。

技能训练4　检查电阻性电路的故障

一、实训目的

（1）能掌握检查电阻性电路的方法和技巧。

（2）能掌握检查故障、分析故障遵循的原则。

（3）能正确使用各种测量仪表。

二、实训要求

（1）能根据提供的电阻性电路进行正确检测。

（2）能根据故障现象,顺序检查、逐步排除故障。

三、实训器材

电路故障实验台、直流稳压电源、万用表等。

四、实训步骤

1. 用电压表检查故障

首先测量外加电压(即总电压),然后用比例法确定电路中各电阻两端应该测得多大电压。不正常电压的分析如下。

短路：各电阻上的电压均高于正常值。

断路：由于串联电路被开路,电路中没有电流通过,非断路点间也就没有电压降。当电压表接到两端时,电压表的内阻代替闭合电路,由于电压表内阻很高,它两端测得的电压就是电源电压。

用电压表检查串联电路的故障是最简单的,如果在并联电路中出现了故障,常常不能用电压表方便查出,因为无论并联各支路中任何一个支路电阻是否变化(短路除外),所有并联支路电压相同。

2. 用电流表检查故障

由于串联电路中各处电流相等,所以用电流表检查不能确定故障所在处,但它可用于并联电路中的故障检查。若故障出在并联支路上,则测量各支路和干路上的电流可确定故障所在之处。用电流表测量时要将电路断开,将电流表串入电路,因此用电流表检查不是很方便。不过,收音机电路检查中常用电流表测量各级工作电流的大小,以判断其工作正常与否。

3. 用欧姆表检查故障

用欧姆表检查电路各部分电阻是否完好、线路是否畅通也是常用的比较方便的方法。使用欧姆表时,一定要将待测电路的电源断开,欧姆表不能带电测量。如果测量并联电路的元件电阻,则需将待测元件从并联电路上断开一端,或者测量该并联组合电阻并与计算值相比较,以判断是否有故障存在。

五、注意事项

分析故障时应遵循的三项原则如下。

1. 根据现象,缩小范围

故障发生后,往往出现异常现象,可以根据这些现象判断故障的大致部位,以缩小检查范围。

2. 追根求源,顺序检查

故障范围确定之后,再用顺序检查的方法依次寻找故障。

3. 认真分析,识破假象

在检查故障时,往往遇到各种各样的现象,只有经过长期摸索、不断积累经验,才能不被假象所迷惑。

任务测评

任务完成后填写任务考核评价表,见表3-1。

表 3-1　考核评价表

任务名称	检查电阻性电路的故障		姓名				总分		
考核项目	考核内容	配分	评分标准				自评	互评	师评
			优	良	中	合格			
知识与技能(50分)	(1) 能掌握检查电阻性电路的方法和技巧	10	10	8	7	6			
	(2) 能掌握检查故障、分析故障遵循的原则	5	5	4	3	2			
	(3) 能正确使用测量仪表	10	10	8	7	6			
	(4) 能根据提供的电阻性电路进行正确检测	10	10	8	7	6			
	(5) 能判断电阻性电路故障位置并排除故障	15	15	12	10	8			
过程与方法(20分)	(1) 能借助信息化资源进行信息收集,自主学习	5	5	4	3	2			
	(2) 能够在实操过程中发现问题并解决问题	5	5	4	3	2			
	(3) 工作实施计划合理,任务书填写完整	5	5	4	3	2			
	(4) 能与老师进行交流,提出关键问题,有效互动	5	5	4	3	2			
情感态度与价值观(30分)	(1) 能与同学良好沟通,小组协作	6	6	5	4	3			
	(2) 态度端正,认真参与,遵守管理规定及劳动纪律	6	6	5	4	3			
	(3) 安全操作,无损伤、损坏元件及设备,并提醒他人	6	6	5	4	3			
	(4) 按时完成任务,工作积极主动	6	6	5	4	3			
	(5) 实训结束台面整洁,工具摆放整齐	6	6	5	4	3			
总　计		100							

达 标 检 测

1. 判断题

(1) 在并联电路中,电流处处相等。　　　　　　　　　　　　　　　　(　)

(2) 若干电阻串联时,其中阻值越小的电阻,通过的电流越小。　　　　(　)

(3) 电阻并联时的等效电阻值比其中最小的电阻值还要小。　　　　　(　)

(4) 马路上的路灯,傍晚时同时亮,天明时同时灭,这些灯是串联的。　(　)

(5) 一盏弧光灯的额定电压是40V,正常工作时的电流是5A,可采用串联分压的办法把它接入电压恒为220V的照明线路上才能正常工作。　　　　　　(　)

(6) 由于并联时电压相等,所以电阻小的用电器实际功率大。　　　　(　)

(7) 修理电器需要一只150Ω的电阻,但目前只有电阻值分别为100Ω、200Ω、600Ω的电阻各一只,可代用的办法是把100Ω的电阻与200Ω的电阻并联起来。　　(　)

(8) 三个电阻,它们的电阻值分别是a、b、c,其中$a>b>c$,当把它们并联连接,总电阻为R,则$R<c$。　　　　　　　　　　　　　　　　　　　　　　　　　　(　)

2. 填空题

(1) 如图3-22所示的电路中,电压表V_1、V_2和V_3分别测量的是_____、_____和_____两端的电压;如果电压表V_1、V_2的示数分别为6V和4V,那么电压表V_3的示数为_____V。

(2) 如图3-23所示,若闭合开关S_1和S_4,则两灯_____联,电压表测灯_____两端的电压;如果闭合开关S_2、S_3和S_4,则两灯_____联,电压表测灯_____两端的电压。

(3) 如图3-24所示,开关S接1时,电压表的示数为4V,接2时,电压表的示数为2V,则灯L_1两端的电压是_____V;L_2两端的电压是_____V;电源电压为_____V。

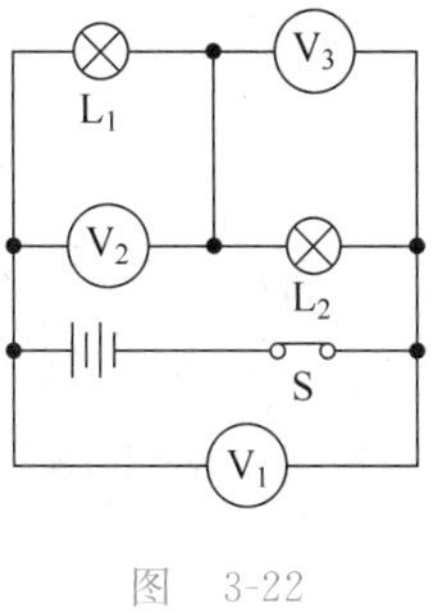

图 3-22 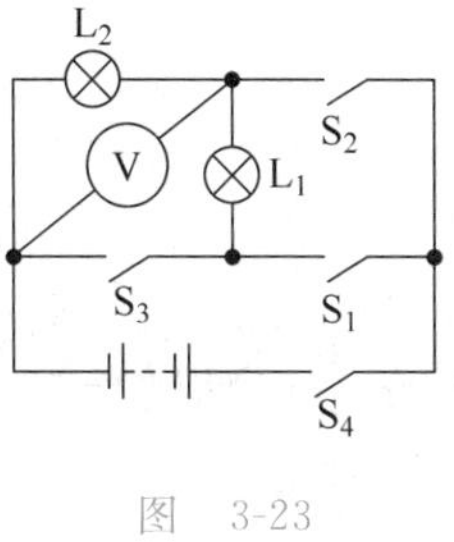　　　　　　　图 3-23 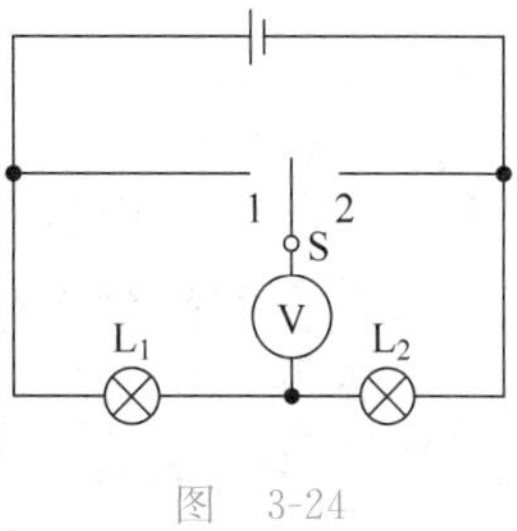　　　　　　　图 3-24

(4) 在图3-25(a)所示电路中,当闭合开关后,两个电压表指针偏转均为图3-25(b)所示,则电阻R_1两端的电压为_____V,R_2两端的电压为_____V。

(5) 如图3-26所示,当S_1闭合、S_2断开时,电压表示数为2.5V;当S_1断开、S_2闭合时,

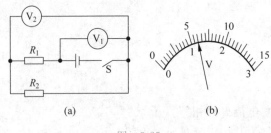

图 3-25

电压表示数为 6V。则灯 L₁ 两端的电压为＿＿＿＿ V,灯 L₂ 两端的电压为＿＿＿＿ V,
电源电压为＿＿＿＿ V。

（6）如图 3-27 所示电路中,电源电压保持不变,当开关 S 由断开到闭合时,电流表 A
的示数将＿＿＿＿,电压表 V₁ 的示数将＿＿＿＿。（填"变大""变小"或"不变"）

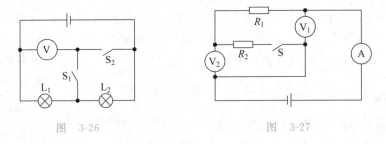

图 3-26   图 3-27

3. 选择题

（1）酒精测试仪可检测驾驶员是否酒后驾车,图 3-28 所示是它的原理图,图 3-28(a)
中酒精气体传感器的电阻随酒精气体的浓度增大而减小,如果测试到的酒精气体浓度越
大,那么（　　）。

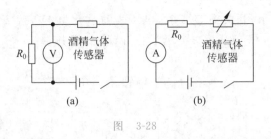

图 3-28

A. 传感器的电阻越大   B. 通过传感器的电流越小
C. 电压表的示数越大   D. 传感器两端的电压越大

（2）图 3-28(b)中酒精气体传感器的电阻随酒精气体浓度的增大而减小,R_0 为定值
电阻。如果测试到的酒精气体浓度越大,则（　　）。

A. 传感器的电阻越大,电流表的示数越大

B. 传感器的电阻越大,电流表的示数越小

C. 传感器的电阻越小,电流表的示数越小

D. 传感器的电阻越小,电流表的示数越大

（3）串联电路具有以下特点（　　）。

  A. 串联电路中各电阻两端电压相等

  B. 各电阻上分配的电压与各自电阻的阻值成反比

  C. 各电阻上消耗的功率之和等于电路消耗的总功率

  D. 流过每一个电阻的电流不相等

（4）电阻并联电路的特点为（　　）。

  A. 并联电路的等效电阻等于各个电阻之和

  B. 每个电阻两端的电流相等

  C. 并联电路中电阻大的分配电流也大

  D. 并联电路中的电压处处相等

（5）电阻 R_1 和 R_2 分别标有"100Ω、4W"和"12.5Ω、8W"，将它们串联起来之后，能承受的最大电压是（　　）V。

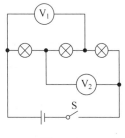

  A. 30   B. 90

  C. 22.5   D. 25

（6）三个相同的灯泡串联在电路中，如图 3-29 所示，S 闭合时，V_1 的示数为 24 V，V_2 的示数也为 24 V，那么电源电压为（　　）V。

  A. 24   B. 48

  C. 12   D. 36

图 3-29

4. 综合题

（1）图 3-30(a)所示是一种自动测定油箱内油量多少的装置。R 是滑动变阻器，它的金属滑片连在杠杆的一端。从油量表（将某电流表的刻度进行重新标注改装而成）指针所指的刻度，就可以知道油箱内油量的多少。司机王师傅发现他的汽车油量表不工作，经检查是电阻 R' 坏了，只看到变阻器的铭牌上标有"50Ω 1A"的字样，为确定电阻 R' 的阻值，他拆下车上的油量表（量程：0～50L），找来电源、滑动变阻器 R_1、定值电阻 $R_2 = 5\Omega$ 和电压表、开关等器材，用导线连接出如图 3-30 所示的电路进行实验，调节变阻器 R_1 的阻值，得到表 3-2 记录的数据。

表 3-2　记录数据

电压表示数/V	0.50	0.60	0.75	1.00	1.50	3.00
油量表示数/L	0	10	20	30	40	50

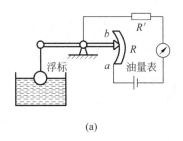

（a）

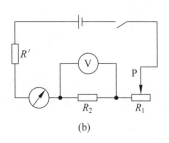

（b）

图　3-30

试求：

① 当油量表的示数为 0L 时,通过油量表的电流是多少? 当油量表的示数为 50L 时,通过油量表的电流是多少?

② 如 3-30(b)图所示,已知油箱无油时,金属滑片在 b 端;油箱装满油时,金属滑片在 a 端(油箱容积为 50L)。请你分析计算出 3-30(b)图中损坏的电阻 R' 的阻值是多少。

(2) 如图 3-31 所示,(a)图中鸟 A 提示鸟 B:"快飞,你会触电的!"鸟 B 说:"你怎么不怕?",(b)图中电压表提示电流表:"你不能直接连在电源两极上,会把你烧坏的!"请分析两幅图中的对话是否合理,并说明理由。

(a)　　　　　　　　　　(b)

图　3-31

(3) 在图 3-32 所示的电路中,当 S₁ 闭合,S₂、S₃ 断开时,电压表的示数为 6V,当 S₁、S₃ 断开,S₂ 闭合时,电压表的示数为 3V。求:①电源电压是多少? ②当 S₁、S₃ 闭合,S₂ 断开时,电压表的示数为多少?

(4) 电饭锅是一种可以自动煮饭并自动保温,又不会把饭烧焦的家用电器。如图 3-33 所示,它的电路由控制部分 AB 和工作部分 BC 组成。S₁ 是限温开关,手动闭合,当温度达到 103℃时自动断开,不能自动闭合。S₂ 是自动开关,当温度超过 80℃时自动断开,温度低于 70℃时自动闭合。R₂ 是限流电阻,阻值 2140Ω,R₁ 是工作电阻,阻值 60Ω。锅中放好适量的米和水,插上电源(220V,50Hz),手动闭合 S₁ 后,电饭锅就能自动煮好米饭并保温。

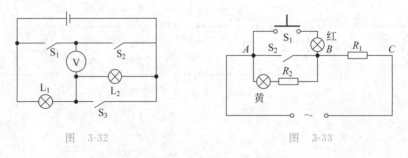

图　3-32　　　　　　　　　　图　3-33

① 简述手动闭合 S₁ 后,电饭锅加热、保温过程的工作原理。

② 加热过程电饭锅消耗的电功率 P_1 是多少? S₁,S₂ 都断开时电饭锅消耗的电功率 P_2 是多少?

③ 若插上电源后没有手动闭合 S₁,能煮熟饭吗? 为什么?

（5）如图 3-34 所示，$R_1 = R_3 = 4\Omega$，$R_2 = R_5 = 1\Omega$，$R_4 = R_6 = R_7 = 2\Omega$，画出等效电路图并求 a、d 两点间的电阻。

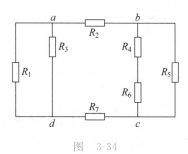

图 3-34

项目

认识复杂直流电路

 **知识目标**

（1）能理解基尔霍夫电流定律和基尔霍夫电压定律的内容；
（2）能掌握叠加定理、戴维南定理的内容；
（3）能熟悉实际电流源和理想电流源的区别。

 **能力目标**

（1）能运用 KCL 和 KVL 定律进行实际电路计算；
（2）能运用叠加定理、戴维南定理进行实际电路的计算；
（3）能学会电压源和电流源两种电源模型的转换。

 素养目标

（1）能养成严谨细致、一丝不苟、实事求是的科学态度和探索精神；
（2）能形成严谨认真的工作态度，具备工作岗位的安全操作意识。

 项目导入

前面我们学习了电阻的串并联，能用欧姆定律来解决一些电路问题，这样的电路是简单电路。在实际电路中，我们会遇到两个以上电源支路组成的多回路电路，不能用简单的串并联电路计算,这样的电路是复杂电路。要解决这类电路的有关问题,我们一起来学习基尔霍夫定律、叠加定理、戴维南定理等几个概念。

任务 4.1　探究基尔霍夫定律

任务目标

（1）能理解支路、节点、回路、网孔等概念;

（2）能掌握基尔霍夫电流定律和基尔霍夫电压定律的内容;

（3）能运用 KCL 和 KVL 定律进行实际电路计算。

分析与计算电路的基本定律,除了欧姆定律外,还有基尔霍夫定律。基尔霍夫定律是进行电路分析的重要定律,是电路理论的基础。要学好电工电子技术,首先要熟练掌握和运用基尔霍夫定律。

4.1.1　相关概念

在介绍基尔霍夫定律之前,先介绍电路分析中常用的几个术语。

1. 支路

电路中每一条不分叉的局部路径称为支路。支路中流过的是同一电流。图 4-1 中共有 6 条支路。

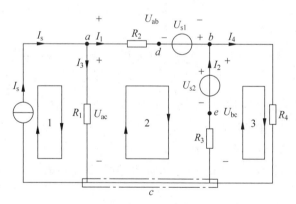

图 4-1　基尔霍夫定律分析图

2. 节点

电路中有三条或三条以上的支路的连接点称为节点。图 4-1 中 a、b、c 均为节点,共有三个节点。

3. 回路

电路中由一条或多条支路构成的闭合路径称为回路。图 4-1 中共有 6 条回路。

4. 网孔

平面电路(平面电路是指电路画在一个平面上没有任何支路的交叉)中不含有支路的回路称为网孔。图 4-1 中,共有三个网孔。网孔属于回路,但回路并非都是网孔。

基尔霍夫定律分为基尔霍夫电流定律(Kirchhoff's Current Law,KCL),又称基尔霍夫第一定律,适用于节点,说明电路中各电流之间的约束关系;基尔霍夫电压定律(Kirchhoff's Voltage Law,KVL),又称基尔霍夫第二定律,适用于回路,说明电路中各部分电压之间的约束关系。基尔霍夫定律是电路中的一个普遍适用的定律,即不管电路是线性还是非线性,也不管各支路上接的是什么样的元器件,它都适用。

4.1.2 基尔霍夫电流定律(KCL)

1. 基尔霍夫电流定律(KCL)的具体内容

对于电路中的任一节点,在任一瞬时流入节点电流的总和必等于流出该节点电流的总和,即

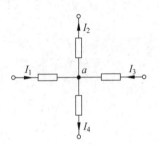

$$\sum i_{入} = \sum i_{出}$$

或流入节点的电流的代数和等于零,即

$$\sum i = 0$$

基尔霍夫电流定律是电流连续性的表现。

对于图 4-2,应用 KCL 第一句话可得节点 a 的方程为

$$I_1 + I_3 = I_2 + I_4$$

图 4-2 KCL 应用电路

注意:在列 KCL 方程时只根据电流的参考方向来判断电流是流入节点还是流出节点,具体计算时,电流是正值带入正值,是负值带入负值。

也可应用 KCL 第二句话列出 $\sum i = 0$ 方程(为解方程组的需要常列此方程),即

$$I_1 + I_3 - I_2 - I_4 = 0$$

在列 $\sum i = 0$ 方程时,惯用规定是:在参考方向下,流入节点的电流取正号,流出节点的电流取负号;也可相反规定。

例 4-1 如图 4-3 所示,求图中的电流 I。

解 先求 I_1、I_2(其参考方向若题中未标出,则计算前要标出参考方向):

$$I_1 = \frac{12}{(6//3) + (6//6)} \times (6//3) \times \frac{1}{6} = 0.8(\text{A})$$

$$I_2 = \frac{12}{(6//3) + (6//6)} \times (6//6) \times \frac{1}{6} = 1.2(\text{A})$$

此处我们用符号"//"表示两电阻并联运算。

对于节点 a 列 KCL 方程

$$I_1 - I_2 - I = 0$$

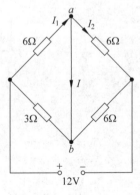

图 4-3

$$0.8 - 1.2 - I = 0$$

解得 $I = -0.4A$。

2. 基尔霍夫电流定律(KCL)的推广应用

KCL 不仅适用于电路中的节点,还可以推广应用到电路中任意假设的封闭面。例如,图 4-4 所示的闭合包围的是一个三角形电路,由 KCL 的推广可得:

$$I_A + I_B + I_C = 0$$

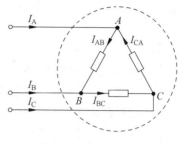

图 4-4　KCL 推广应用

4.1.3　基尔霍夫电压定律(KVL)

1. 基尔霍夫电压定律(KVL)的具体内容

对于电路中的任一回路,从回路中任一点出发,沿规定的方向(顺时针或逆时针)绕行一周,则在任一瞬时,在这个方向上的电位降之和等于电位升之和,即

$$\sum U_升 = \sum U_降$$

或在这个方向上的各部分电压降的代数和等于零,即

$$\sum U = 0$$

基尔霍夫电压定律是电路中任意一点的瞬时电压具有单值性的结果。

对于图 4-5 的电路,选 $cadbc$ 为回路,以顺时针为绕行方向,则 U_2、U_3 为电位降,U_1、U_4 为电位升,应用 KVL 第一句话可得 KVL 方程

$$U_2 + U_3 = U_1 + U_4$$

注意:在列 KVL 方程时只根据电压的参考方向来判断电压是电位升还是电位降,具体计算时则电压是正值带入正值,是负值带入负值。

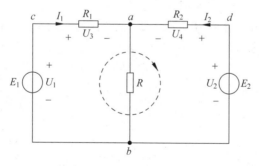

图 4-5　KVL 应用

也可应用 KVL 第二句话列出 $\sum U = 0$ 方程(为解方程组的需要,常列此方程),即

$$U_2 + U_3 - U_1 - U_4 = 0$$

在列 $\sum U = 0$ 方程时,惯用规定是:在参考方向下,电位降取正号,电位升取负号。也可相反规定。

例 4-2　如图 4-6 所示,求图中的电压 U_S。

解　选 $abcda$ 为回路(在应用 KVL 解题时,应选取最少的回路,列最少的方程求出

待求量),以顺时针为绕行方向,由 KVL 得

$$-U_S + 20 - 16 + 120 = 0$$

解得 $U_S = 124V$。

结合欧姆定律可将 KVL 方程改写成另一种更加实用的形式(可求解电流的方程)。

在图 4-6 中,若要列出与电流 I_1、I_2 有关的 KVL 方程,则由欧姆定律得:$U_3 = I_1 R_1$,$U_4 = I_2 R_2$,将此两式代入 KVL 方程 $U_2 + U_3 - U_1 - U_4 = 0$,得

$$U_2 + I_1 R_1 - U_1 - I_2 R_2 = 0$$

此为结合欧姆定律的 KVL 方程。在列写时,可直接列出,即规定:电流的参考方向与绕行方向一致时,欧姆定律表达式取正号,相反时取负号。

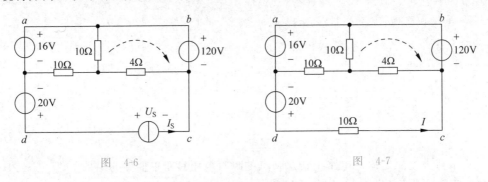

图 4-6　　　　　　　　　　　　　图 4-7

例 4-3　求图 4-7 中的电流 I。

解　选 $abcda$ 为回路,以顺时针方向为绕行方向,由结合欧姆定律、KVL 得

$$-10I + 20 - 16 + 120 = 0$$

解得 $I = 12.4A$。

2. 基尔霍夫电压定律(KVL)的推广应用

KVL 不仅适用于闭合回路,还可推广应用于回路的部分电路(或开口电路)。以图 4-8 为例,对于图 4-8(a)可列出

$$U_{AB} + U_B - U_A = 0$$

对于图 4-8(b)可列出

$$U + IR - E = 0$$

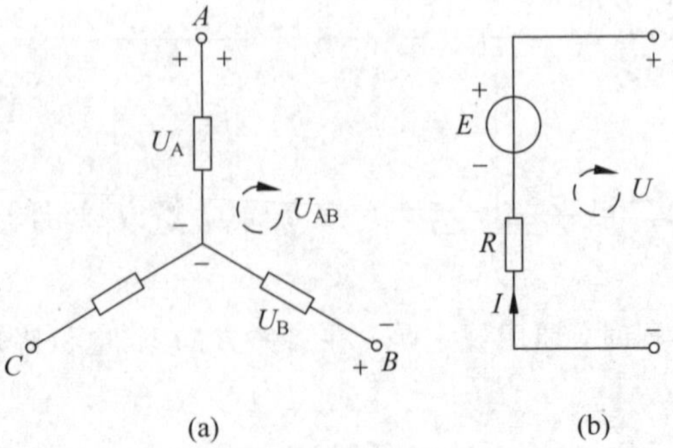

(a)　　　　　　　　　　　　　　(b)

图 4-8　KVL 推广应用

例 4-4　图 4-9 所示部分电路,各支路的元件是任意的,已知 $U_{AB}=5V$, $U_{BC}=-4V$。求 U_{CA}。

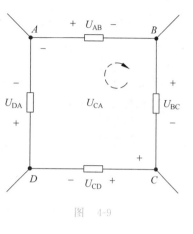

图　4-9

解　$ABCA$ 不是闭合回路,由 KVL 的推广得

$$U_{AB}+U_{BC}+U_{CA}=0$$

即

$$5-4+U_{CA}=0$$

得

$$U_{CA}=-1V$$

应该指出,前面所举的是直流电路的例子,但基尔霍夫定律具有普遍性,它适用于不同元件构成的电路,也适用于任一时变电路。

在列方程时,必须依据电流、电压的参考方向,按规定取正、负号。

直流单臂电桥又称为惠斯登电桥,如图 4-10 所示。电桥达到平衡时,检流计支路中的电流 $I_g=0$,平衡条件为 $R_1R_4=R_2R_3$。使用前先将检流计锁扣打开,并调节调零器使指

图 4-10　直流单臂电桥

针位于机械零点;将 R_x 可靠接入,根据 R_x 阻值范围,选择合适的比率,以保证比较臂的四组阻箱全部用上;调节平衡时,应先按电源按钮再按检流计按钮,测量结束应先断开检流计按钮;按下按钮后,若指针向"+"侧偏转,则应增大比较臂电阻,若指针向"-"侧偏转,则应减小比较臂电阻;调平衡过程中,不要把检流计按钮按死,待调到电桥接近平衡时,才可按死检流计按钮进行细调;若使用外接电源,其电压应按规定选择;测量结束若不再使用时,应将检流计的锁扣锁上。

任务 4.2　探究叠加定理

任务目标

(1) 能理解叠加定理的内容;

(2) 能掌握叠加定理注意事项;

(3) 能运用叠加定理进行实际电路的计算。

4.2.1　叠加定理

叠加定理是分析线性电路的最基本方法之一,它反映了线性电路的两个基本性质,即

叠加性和比例性。**叠加定理的内容为**：在线性电路中,当有多个独立电源共同作用时,则任一支路的电流(或电压)等于各个独立电源分别单独作用时,在该支路中产生的电流(或电压)的代数和。

例如,在图 4-11(a)所示电路中,设 U_S、I_S、R_1、R_2 已知,求电流 I_1 和 I_2。由于只有两个未知电流,利用支路电流法求解时可以只列出两个方程式。

上节点方程：　　　　　　　　　　$I_1 - I_2 + I_S = 0$

左网孔方程：　　　　　　　　　　$R_1 I_1 + R_2 I_2 = U_S$

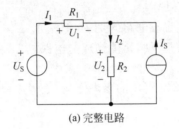

(a) 完整电路

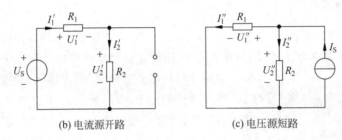

(b) 电流源开路　　　　　　　　(c) 电压源短路

图 4-11　叠加定理

由此解得

$$I_1 = \frac{U_S}{R_1 + R_2} - \frac{R_2 I_S}{R_1 + R_2} = I_1' - I_1''$$

$$I_2 = \frac{U_S}{R_1 + R_2} + \frac{R_1 I_S}{R_1 + R_2} = I_2' + I_2''$$

其中,I_1' 和 I_2' 是在理想电压源单独作用时(将理想电流源开路,如图 4-11(b)所示)产生的电流；I_1'' 和 I_2'' 是在理想电流源单独作用时(将理想电压源短路,如图 4-11(c)所示)产生的电流。同样,电压也有

$$U_1 = R_1 I_1 = R_1 (I_1' - I_1'') = U_1' - U_1''$$

$$U_2 = R_2 I_2 = R_2 (I_2' + I_2'') = U_2' + U_2''$$

4.2.2　叠加定理的应用

利用叠加定理可以将一个多电源的电路简化成若干个单电源电路。

在应用叠加定理时,要注意以下几点。

(1) 当某一个电源单独作用时,其他电源则"不作用"。凡是电压源,应令其电动势 E 为零,将电压源短路；凡是电流源,应令其 I_S 为零,将电流源开路,但是它们的电阻应保留在电路中。

(2) 当如图 4-11(a)所示的原电路中各支路电流的参考方向确定后,在求各分电流的代数和时,各支路中分电流的参考方向与原电路中对应支路电流的参考方向一致者,取正值;相反者,取负值。

（3）叠加定理只适用线性电路,而不能用于分析非线性电路。

（4）叠加定理只能用来分析和计算电流和电压,不能用来计算功率。因为功率与电流、电压的关系不是线性关系,而是平方关系。

例如:

$$P_1 = R_1 I_1^2 = R_1 (I_1' - I_1'')^2 \neq R_1 I_1'^2 - R_1 I_1''^2$$
$$P_2 = R_2 I_2^2 = R_2 (I_2' + I_2'')^2 \neq R_2 I_2'^2 + R_2 I_2''^2$$

例 4-5　用叠加定理求图 4-12(a)中的 U_{ab}。

解　先把图 4-12(a)分解成图 4-12(b)和图 4-12(c)所示的电源单独作用的电路,然后按下列步骤计算。

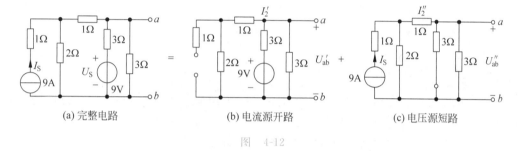

(a) 完整电路　　　　(b) 电流源开路　　　　(c) 电压源短路

图　4-12

（1）如图 4-12(b)所示,当电压源单独作用时

$$U_{ab}' = \frac{\dfrac{(1+2) \times 3}{1+2+3}}{3 + \dfrac{(1+2) \times 3}{1+2+3}} \times 9 = \frac{1.5}{3 + 1.5} \times 9 = 3(\text{V})$$

（2）如图 4-12(c)所示,当电流源单独作用时

$$I_2'' = \frac{2}{2 + 1 + \dfrac{3 \times 3}{3 + 3}} I_S = \frac{2}{4.5} \times 9 = 4(\text{A})$$

$$U_{ab}'' = \frac{3 \times 3}{3 + 3} I_2'' = 1.5 \times 4 = 6(\text{V})$$

（3）当两个电源共同作用时

$$U_{ab} = U_{ab}' + U_{ab}'' = 3 + 6 = 9(\text{V})$$

知识拓展

直流双臂电桥又称凯尔文电桥,如图 4-13 所示。图中 $E_内$、$E_外$ 是电源的选择开关,下面板上 C1、P1、P2、C2 四个端钮用来连接被测电阻 R_x。电桥平衡后,用已知电阻值乘以倍率,就是被测电阻的阻值。直流双臂电桥的使用方法和注意事项与单臂电桥基本相同,但还需注意:被测电阻的电流端钮和电位端

图 4-13　直流双臂电桥

钮应和双臂电桥对应端钮正确连接,连接导线应尽量用短线和粗线,接头要牢靠;双臂电桥工作时电流很大,所以电源容量要大,测量操作速度应快,测量结束时应立即关断电源。

任务 4.3　探究戴维南定理

任务目标

(1) 能理解有源二端网络的概念;

(2) 能掌握戴维南定理的内容;

(3) 能运用戴维南定理进行实际电路的运算。

4.3.1　戴维南定理

如果只需要计算复杂电路中某一条支路的电压或电流时,就可以将这条支路划出,而把其余部分看作一个有源二端网络。有源二端网络就是具有两个出线端的电路,其中含有电源。该有源二端网络对所要计算的这条支路而言,相当于一个电源。

既然一个有源二端网络就相当于一个电源,而一个电源又可以用两种电源模型去表示,因此,可以将一个有源二端网络等效为一个电压源,也可以将一个有源二端网络等效为一个电流源。由此就得出了下面两个等效电源定理。一个有源二端线性网络,如图 4-14(a)所示,可以用一个电动势为 E 的理想电压源和内阻 R_0 串联的电源来等效代替。如图 4-14(b)所示,等效电源的电动势 E 就是有源二端网络的开路电压 U_0,即将负载断开后 a、b 两端之间的电压。等效电源的内阻 R_0 等于有源二端网络中所有电源均除去(将各个理想电压源短路,即其电动势为零;将各个理想电流源开路,即其电流为零)后所得到的无源网络 a、b 两端之间的等效电阻。这就是戴维南定理。

图 4-14(b)的等效电路是一个最简单的电路,其中电流可由下式计算。

$$I = \frac{E}{R_0 + R_L}$$

等效电源的电动势和内阻可经过实验或计算得出。

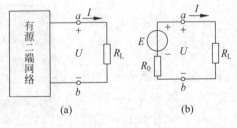

图 4-14　等效电源

4.3.2 戴维南定理的应用

例 4-6 用戴维南定理计算图 4-15(a)中的支路电流 I_3。

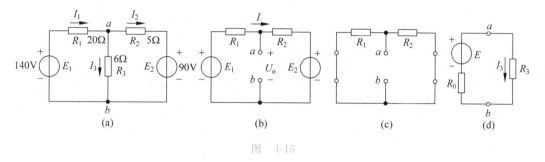

图 4-15

解 (1)等效电源的电动势 E 可由图 4-15(b)求得

$$I = \frac{E_1 - E_2}{R_1 + R_2} = \frac{140 - 90}{20 + 5} = 2(\text{A})$$

于是

$$E = U_o = E_1 - R_1 I = 140 - 20 \times 2 = 100(\text{V})$$

或

$$E = U_o = E_2 + R_2 I = 90 + 5 \times 2 = 100(\text{V})$$

(2)等效电源的内阻 R_0 可由图 4-15(c)求得。因此

$$R_0 = \frac{R_1 R_2}{R_1 + R_2} = \frac{20 \times 5}{20 + 5} = 4(\Omega)$$

(3)对 a 和 b 两端，R_1 和 R_2 是并联的，图 4-15(a)可等效于图 4-15(d)。所以

$$I_3 = \frac{E}{R_0 + R_3} = \frac{100}{4 + 6} = 10(\text{A})$$

例 4-7 电路如图 4-16(a)所示，$R = 2.5\text{k}\Omega$，试用戴维南定理求电阻 R 中的电流 I。

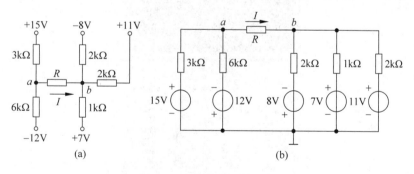

图 4-16

解 图 4-16(a)的电路可等效为图 4-16(b)的电路。

将 a、b 间开路，求等效电源的电动势 E，即开路电压 U_{abo}。应用节点电压法求 a、b 间开路时 a 和 b 两点的电位，即

$$U_{ao} = \frac{\dfrac{15}{3 \times 10^3} - \dfrac{12}{6 \times 10^3}}{\dfrac{1}{3 \times 10^3} + \dfrac{1}{6 \times 10^3}} = 6(V)$$

$$U_{bo} = \frac{-\dfrac{8}{2 \times 10^3} + \dfrac{7}{1 \times 10^3} + \dfrac{11}{2 \times 10^3}}{\dfrac{1}{2 \times 10^3} + \dfrac{1}{1 \times 10^3} + \dfrac{1}{2 \times 10^3}} = 4.25(V)$$

$$E = U_{abo} = U_{ao} - U_{bo} = 6 - 4.25 = 1.75(V)$$

将 a、b 间开路,求等效电源的内阻 R_0

$$R_0 = 3//6 + 2//1//2 = 2.5(k\Omega)$$

求电阻 R 中的电流 I

$$I = \frac{E}{R + R_0} = \frac{1.75}{(2.5 + 2.5) \times 10^3} = 0.35 \times 10^{-3}(A) = 0.35mA$$

 知识拓展

  交流电桥实验仪是测量各种交流阻抗的基本仪器,如图 4-17 所示,可测量电容的电容量,电感的电感量等。此外还可利用交流电桥平衡条件与频率的相关性来测量与电容、电感有关的其他物理量,如互感、磁性材料的磁导率、电容的介质损耗、介电常数和电源频率等,其测量准确度和灵敏度都很高,在电磁测量中应用极为广泛。

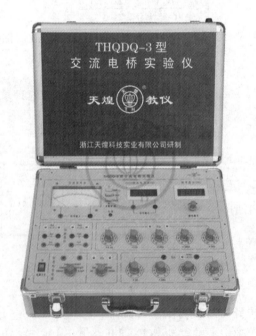

图 4-17　交流电桥试验仪

任务 4.4 探究两种电源模型的转换

任务目标

> (1) 能掌握实际电压源和理想电压源的特点;
> (2) 能理解实际电流源和理想电流源的区别;
> (3) 能学会电压源和电流源两种电源模型的转换。

电源是任何电路中都不可缺少的重要组成部分,它是电路中电能的来源。实际使用的电源种类繁多,图 4-18 给出了两种实际应用的电源。还有其他种类的电源,如机动车上用的蓄电池和人造卫星上用的太阳能电池,以及工程上使用的直流发电机、交流发电机等。虽然实际电源结构各异,但是它们具有共性。一个实际的电源,可以用两种不同的电路模型来表示,一种是用电压的形式,称为电压源;一种是用电流的形式,称为电流源。既然这两种不同的表示形式可以用来表示同一个电源,那么这两种表示形式之间就存在着等效变换的关系。

(a) 干电池　　　　　　　(b) 实验室稳压源

图 4-18　两种实际电源

4.4.1　实际电压源与理想电压源

1. 实际电压源(简称电压源)

任何一个电源,都具有电动势 E 和内电阻 R_0,这就是所有电源的共性。在进行电路分析时,为了直观和方便,往往用电动势 E 和内阻 R_0 串联的电路模型去表示,此即实际电压源(简称电压源),如图 4-19 中虚线方框内所示。图中 U 为电源的端电压,当接上负载电阻 R_L 形成回路后,电路中将有电流 I 流过,则电源的端电压为

$$U = E - IR_0$$

式中: E 和 R_0 是常数, U 和 I 的关系称为电压源的外特性,可

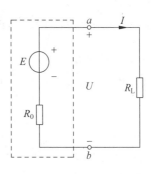

图 4-19　实际电压源模型

以作出此曲线于图 4-19 中。

当 $I=0$(即电压源开路)时,$U=U_0=E$(开路电压 U_0 等于电源的电动势 E);当 $U=0$ (即电压源短路)时,$I=I_S=\dfrac{E}{R}$(I_S 称为短路电流)。

由电压源的外特性曲线可以看出,其端电压 U 将随负载电流的增大而下降,下降的快慢由内阻 R_0 决定。R_0 越大,U 下降得越快,表明带负载的能力差;R_0 越小,U 下降得越慢,表明带负载的能力强。

故电压源的特点:输出的电流及端电压都随负载电阻的变化而变化。

2. 理想电压源

当电压源的内阻 $R_0=0$ 时,电源的端电压 U 将恒等于电动势 E(U 又称为理想电压源的源电压,常用 U_S 表示),外特性将是一条与横轴平行的直线,如图 4-20 所示。这样的电压源称为理想电压源或恒压源。理想电压源如图 4-21 虚线方框内所示。

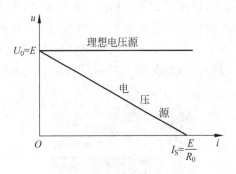

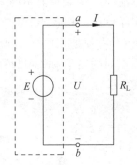

图 4-20 电压源的外特性   图 4-21 理想电压源模型

理想电压源有如下特点。

(1)端电压恒定不变,与负载电阻的大小无关,即 $U=E$。

(2)输出的电流 I 是任意的,由负载电阻 R_L 与电动势 E 决定,即 $I=\dfrac{E}{R_L}$。

理想电压源实际上是不存在的,但是在电源内阻 R_0 远小于负载电阻 R_L,即 $R_0 \ll R_L$ 时,内阻上的压降 IR_0 将远小于 U,则可认为 $U \approx E$ 基本恒定,这时可将此电压源看成是理想电压源。实验室中的直流稳压电源就属于这种类型。

4.4.2 实际电流源与理想电流源

1. 实际电流源(简称电流源)

将电压源端电压的表达式两边同时除以 R_0 后即得

$$\frac{U}{R_0}=\frac{E}{R_0}-I=I_S-I, \quad I_S=\frac{U}{R_0}+I$$

这样就可以用一个电流 $I_S=\dfrac{E}{R_0}$ 与内阻 R_0 并联的电路模型去表示一个电源,此即实际电流源(简称电流源)。如图 4-22 中虚线方框内所示。图中 U 为电流源的端电压,若

接上负载 R_L 构成回路后,其中将有电流 I 流过。

式中:I_S 和 R_0 均为常数,U 和 I 的关系称为电流源的外特性,可以作出此外特性曲线如图 4-23 所示。

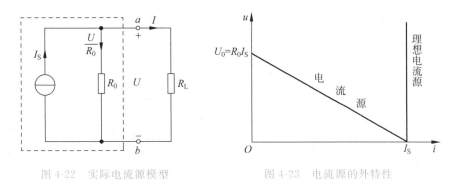

图 4-22 实际电流源模型   图 4-23 电流源的外特性

当 $I=0$(即电流源开路)时,$U=U_0=I_S R_0$。

当 $U=0$(即电流源短路)时,$I=I_S$。

这条外特性曲线的倾斜程度也是由内阻 R_0 决定的。R_0 越小,曲线越平缓;R_0 越大,曲线越陡,R_0 支路对 I_S 的分流作用越小。

故电流源的特点为:输出的电流及端电压都随负载电阻的变化而变化。

2. 理想电流源

当 $R_0 \to \infty$(相当于 R_0 支路断开)时,流过负载的电流将恒等于电流 I_S(I_S 又称为理想电流源的源电流),外特性将是一条与纵轴平行的直线。这样的电流源称为理想电流源或恒流源。理想电流源如图 4-24 虚线方框内所示。

理想电流源有如下特点。

(1) 输出的电流恒定不变,与负载电阻的大小无关,即 $I=I_S$。

(2) 端电压 U 是任意的,由负载电阻 R_L 及电流 I_S 决定,即 $U=I_S R_L$。

同样,理想电流源实际上也是不存在的,但是在电源内阻 R_0 远大于负载电阻 R_L,即 $R_0 \gg R_L$ 时,R_0 支路的分流作用很小,则可认为 $I \approx I_S$ 基本恒定。这时可将此电流源看成是理想电流源。实验室中的直流稳流电源就是属于这种类型。

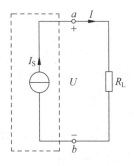

图 4-24 理想电流源模型

4.4.3 实际电压源与电流源的等效变换

既然一个电源可用电压源或电流源这种电路模型去表示,且电压源与电流源的外特性是相同的,因此,电源的这两种电路模型之间是相互等效的,可以进行等效变换。利用这种等效变换,在进行复杂电路的分析和计算时,往往会带来很大的方便。

1. 等效变换的原则

两电源模型接相同的负载产生相同的结果(负载上的电压、电流一样,即负载上的功率保持不变)。

2. 等效变换的条件

由图 4-25(a)得

$$I = \frac{U_S}{R_{0u}} - \frac{U}{R_{0u}}$$

由图 4-25(b)得

$$I = I_S - \frac{U}{R_{0i}}$$

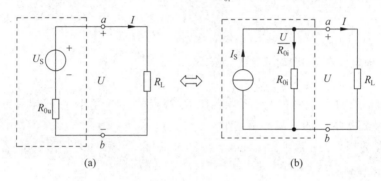

(a)   (b)

图 4-25   电压源与电流源的等效电路

在满足等效变化原则的前提下,以上两个方程完全一样,因此由电压源(又称串联组合)等效变换为电流源(又称并联组合)的条件(求 I_S、R_{0i} 及确定 I_S 的参考方向)为

$$I_S = \frac{U_S}{R_{0u}}, \quad R_{0i} = R_{0u}$$

I_S 的参考方向与 U_S 电位升高的方向一致。

由电流源(又称并联组合)等效变换为电压源(又称串联组合)的条件(求 U_S、R_{0u} 及确定 U_S 的参考方向)为

$$U_S = R_{0i}I_S, \quad R_{0u} = R_{0i}$$

U_S 电位升高的方向与 I_S 的参考方向与一致。

但是,电压源和电流源的等效关系只是对电源外部而言的,在电源内部,则不是等效的。例如,图 4-25(a)中,当电压源开路(a、b 端不接负载)时,电源内部无损耗,R_{0u} 无电流流过;而当电压源短路(即 a、b 端短接)时,电源内部有损耗,R_{0u} 有电流流过。而将其等效变换为图 4-25(b)所示的电流源之后,情况就不同了。当电流源开路时,R_{0i} 有电流流过,电源内部有损耗;而当电流源短路时,R_{0i} 无电流流过,电源内部无损耗。

理想电压源与理想电流源之间不存在等效变换。这是因为理想电压源的内阻 $R_{0u} = 0$,则使 $I_S = \frac{U_S}{R_{0u}} \to \infty$;理想电流源的内阻 $R_{0i} \to \infty$,则使 $U_S = I_S R_{0i} \to \infty$。找不到对应的等效电源。

例 4-8　试将图 4-26 中的电压源变为电流源,电流源变为电压源。

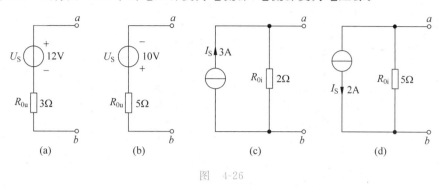

图　4-26

解　由等效变换的条件得各电源对应的等效电源,如图 4-27 所示。

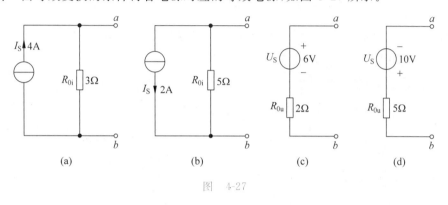

图　4-27

例 4-9　电路如图 4-28 所示,$U_1 = 20V$,$I_S = 4A$,$R_1 = 2\Omega$,$R_2 = 4\Omega$,$R_3 = 10\Omega$,$R = 2\Omega$。①求电阻 R 中的电流 I；②计算理想电压源 U_1 中的电流 I_{U1} 和功率 P_{U1} 及理想电流源两端的电压 U_{IS} 和功率 P_{IS}。

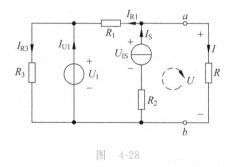

图　4-28

解　(1) 图 4-28 中,对电阻 R 来说,可将 a、b 两端左边的电路看作是电源的内部电路,而把 R 看成负载。可将与理想电压源 U_1 并联的电阻 R_3 除去(断开),并不影响该并联电路两端的电压 U_1；也可将与理想电流源串联的电阻 R_2 除去(短接),并不影响该支路中的电流 I_S。这样化简后得出图 4-29(a)的电路,而后利用电源的等效变换法得出图 4-29(b)所示的电路。

由此可得

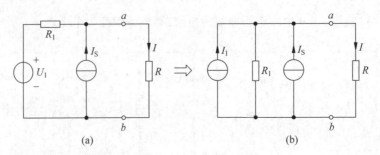

图　4-29

$$I_1 = \frac{U_1}{R_1} = \frac{20}{2} = 10(\text{A})$$

$$I = \frac{(I_1 + I_S)R_1}{R_1 + R} = \frac{(10 + 4) \times 2}{2 + 2} = 7(\text{A})$$

（2）应注意，求理想电压源 U_1 中的电流 I_{U1} 和理想电流源两端的电压 U_{IS} 以及电源功率时，相应的电阻 R_3 和 R_2 应保留。在图 4-29 中

$$I_{R1} = I_S - I = 4 - 7 = -3(\text{A})$$

$$I_{R3} = \frac{U_1}{R_3} = \frac{20}{10} = 2(\text{A})$$

得

$$I_{U1} = I_{R3} - I_{R1} = 2 - (-3) = 5(\text{A})$$

对图 4-29 中右边的网孔，得

$$U_{IS} = RI + R_2 I_S = 2 \times 7 + 4 \times 4 = 30(\text{V})$$

理想电源功率为

$$P_{U1} = -U_1 I_{SU1} = -20 \times 5 = -100(\text{W})（发出功率）$$

$$P_{IS} = -U_{IS} I_S = -30 \times 4 = -120(\text{W})（发出功率）$$

 知识拓展

频率计又称为频率计数器，是一种专门对被测信号频率进行测量的电子测量仪器，如图 4-30 所示。频率计主要由四个部分构成：时基（T）电路、输入电路、计数显示电路以及控制电路。

图 4-30　频率计

在传统的测量仪器中,示波器在进行频率测量时测量精度较低,误差较大。频谱仪可以准确地测量频率并显示被测信号的频谱,但测量速度较慢,无法实时快速地跟踪捕捉到被测信号频率的变化。正是由于频率计能够快速准确地捕捉到被测信号频率的变化,因此,频率计拥有非常广泛的应用范围。

项目小结

(1)电路中有三条或三条以上的支路的连接点称为节点。

(2)电路中由一条或多条支路构成的闭合路径称为回路。

(3)基尔霍夫电流定律(KCL):对于电路中的任一节点,在任一瞬时流入节点电流的总和必等于流出该节点电流的总和。

(4)基尔霍夫电压定律(KVL):对于电路中的任一回路,从回路中任一点出发,沿规定的方向(顺时针或逆时针)绕行一周,则在任一瞬时,在这个方向上的电位降之和等于电位升之和。

(5)在线性电路中,当有多个独立电源共同作用时,则任一支路的电流(或电压)等于各个独立电源分别单独作用时,在该支路中产生的电流(或电压)的代数和。

(6)可以将一个有源二端网络等效为一个电压源;也可以将一个有源二端网络等效为一个电流源。

(7)一个实际的电源,可以用两种不同的电路模型来表示。一种是用电压的形式,称为电压源;另一种是用电流的形式,称为电流源。

(8)两电源等效变换的原则:两电源模型接相同的负载产生相同的结果(负载上的电压、电流一样,即负载上的功率保持不变)。

技能训练 5   汽车前照灯电路的测量与分析

一、实训目的

(1)能理解汽车前照灯电路的工作原理。

(2)能读懂汽车前照灯电气线路图。

(3)能运用 KCL 定律进行数据的分析与计算。

二、实训要求

(1)能根据图纸进行电路的装接并进行调试。

(2)能进行电气电路的测量与分析。

三、实训器材

汽车前照灯实训电路板、5A 直流电流表、50V 直流电压表。

四、操作步骤

该实训电路为汽车前照灯实际电路,如图 4-31 所示。汽车前大灯照明分为远光照明和近光照明,由大灯开关和变光开关配合实现。

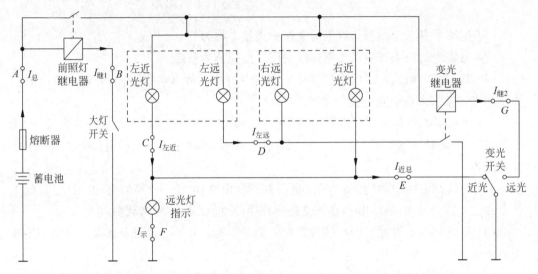

图 4-31　汽车前照灯电路工作原理图

（1）分析和掌握汽车前照灯电路的工作原理。

（2）按图纸完成电路的装接并调试电路。

（3）调试成功后按表 4-1、表 4-2 中的要求进行测量。

表 4-1　近光灯亮时各测量值

状　态	A 点电位	C 点电位	前照灯继电器电流	变光继电器电流
近光灯亮	$V_A=$	$V_C=$	$I_{继1}=$	$I_{继2}=$
	左近光灯电流	左远光灯电流	近光灯总电流	指示灯电流
	$I_{左近}=$	$I_{左远}=$	$I_{近总}=$	$I_{示}=$

表 4-2　远光灯亮时各测量值

状　态	C 点电位	C 点电位	前照灯继电器电流	变光继电器电流
远光灯亮	$V_A=$	$V_C=$	$I_{继1}=$	$I_{继2}=$
	左近光灯电流	左远光灯电流	近光灯总电流	指示灯电流
	$I_{左近}=$	$I_{左远}=$	$I_{近总}=$	$I_{示}=$

（4）计算与思考。

① 远光照明时,哪些灯在工作? 每盏灯的功率是多少? 如何计算? 这时总功率是多

少？如何计算？

　　② 近光照明时,哪些灯在工作？每盏灯的功率是多少？如何计算？这时总功率是多少？如何计算？

　　③ 近光灯在近光和远光照明两种情况下,功率是多少？哪种情况功率较大？为什么？

　　④ 近光和远光照明时,A 点的电位各为多少？哪种情况较高？为什么？

　　⑤ 试运用 KCL 定律和实测数据,求解近光照明时,总电流值。

　　⑥ 若两盏远光灯对称,试运用 KCL 定律和实测数据,求解远光照明时,总电流值。

 任务测评

　　任务完成后填写任务考核评价表,见表 4-3。

表 4-3　考核评价表

任务名称	汽车前照灯电路的测量与分析		姓名				总分		
考核项目	考核内容	配分	评分标准				自评	互评	师评
			优	良	中	合格			
知识与技能(50分)	(1) 能掌握汽车前照灯电路的工作原理	5	5	4	3	2			
	(2) 能识读汽车前照灯电气线路图	10	10	8	7	6			
	(3) 能按图纸完成电路的装接并调试电路	10	10	8	7	6			
	(4) 能运用 KCL 定律进行实际测量	15	15	12	10	8			
	(5) 能够正确计算相关数据	10	10	8	7	6			
过程与方法(20分)	(1) 能借助信息化资源进行信息收集,自主学习	5	5	4	3	2			
	(2) 能够在实操过程中发现问题并解决问题	5	5	4	3	2			
	(3) 工作实施计划合理,任务书填写完整	5	5	4	3	2			
	(4) 能与老师进行交流,提出关键问题,有效互动	5	5	4	3	2			
情感态度与价值观(30分)	(1) 能与同学良好沟通,小组协作	6	6	5	4	3			
	(2) 态度端正,认真参与,遵守管理规定及劳动纪律	6	6	5	4	3			
	(3) 安全操作,无损伤、损坏元件及设备,并提醒他人	6	6	5	4	3			
	(4) 按时完成任务,工作积极主动	6	6	5	4	3			
	(5) 实训结束台面整洁,工具摆放整齐	6	6	5	4	3			
总　　计		100							

达 标 检 测

1. 判断题

(1) 基尔霍夫定律适用于任何电路。   (   )

(2) 基尔霍夫电压定律公式中的正负号,只与回路的绕行方向有关,而与电流、电压、电动势的方向无关。   (   )

(3) 理想电压源与理想电流源是可以等效互换的。   (   )

(4) 戴维南定理适用于有源二端网络,对其中的元件没有要求。   (   )

(5) 若电源的开路电压为 60V,短路电流为 2A,则负载从该电源获得的最大功率为 30W。   (   )

(6) 任何一个有源二端网络都可以用一个等效电源来替代。   (   )

(7) 在电路中,恒压源、恒流源一定都是发出功率。   (   )

(8) 叠加定理可以叠加电压、电流,但不能叠加功率。   (   )

(9) 叠加定理只适用于直流电路,不适用于交流电路。   (   )

(10) 某电路有 3 个节点和 7 条支路,若采用支路电流法求解各支路电流时,应列 5 个方程。   (   )

2. 填空题

(1) 电路中每一条不分叉的局部路径称为_____。

(2) 电路中有三条或三条以上的支路的连接点称为_____。

(3) 电路中由一条或多条支路构成的闭合路径称为_____。

(4) 平面电路中不含有支路的回路称为_____。

(5) 基尔霍夫电流定律适用于_____,基尔霍夫电压定律适用于_____。

(6) 在线性电路中,当有多个独立电源共同作用时,则任一支路的电流(或电压)等于各个独立电源分别单独作用时,在该支路中所产生的电流(或电压)的_____。

(7) 可以将一个有源二端网络等效为一个_____,也可以将一个有源二端网络等效为一个_____。

(8) 对于理想电压源,电源的端电压 U 将恒等于_____。

3. 选择题

(1) 如图 4-32 所示,电阻 R_1 阻值增大时,则(   )。

　　A. 恒压源 E 产生的电功率减小　　　　B. 恒压源 E 产生的电功率增大

　　C. 恒压源 E 消耗的电功率减小　　　　D. 恒压源 E 消耗的电功率增大

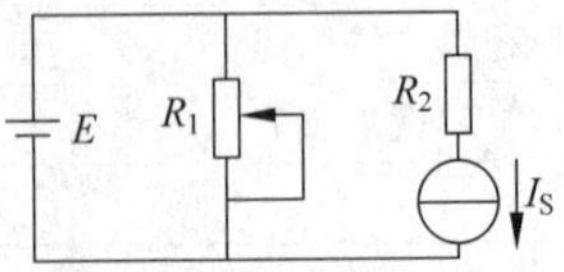

图 4-32

(2) 如图 4-33 所示电路,开关 S 由打开到闭合,电路内发生变化的是(   )。

    A. 电压 U   B. 电流 I   C. 电压源功率   D. 电流源功率

(3) 在图 4-34 所示的电路中,$R_L=2\Omega$,(a)图电路中,R_L 消耗的功率为 2W,(b)图电路中,R_L 消耗的功率为 8W,则(c)图电路中,R_L 消耗的功率为(   )W。

    A. 2   B. 8   C. 10   D. 18

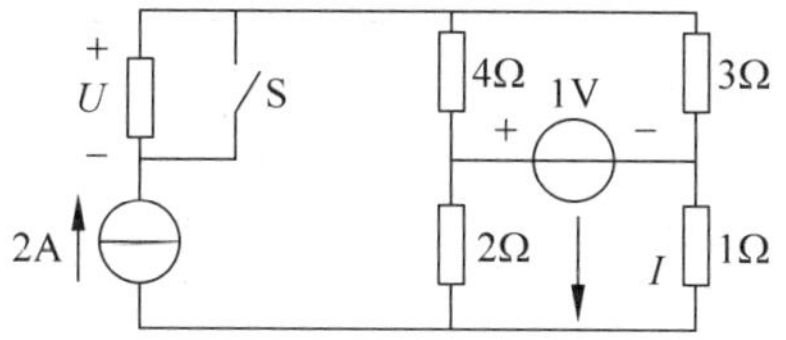

图 4-33 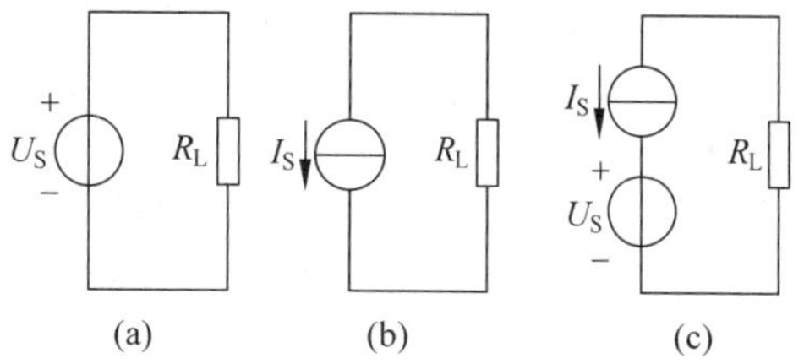   图 4-34

(4) 如图 4-35 所示电路中,R 能获得的最大功率是(   )W。

    A. 60   B. 90   C. 30   D. 120

(5) 由叠加定理可求得图 4-36 中,$U=$(   )V。

    A. 15   B. -5 C. 5   D. -15

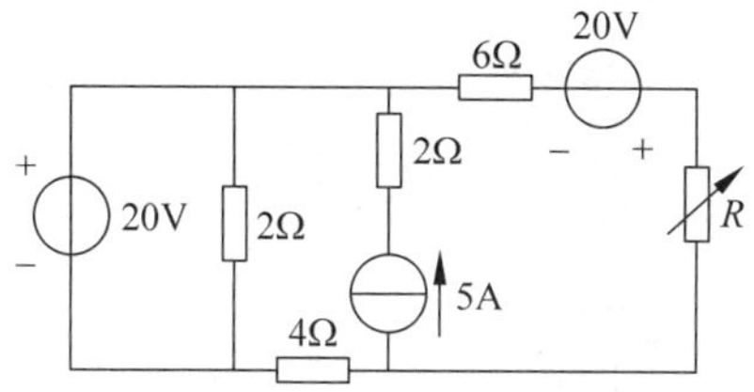

图 4-35 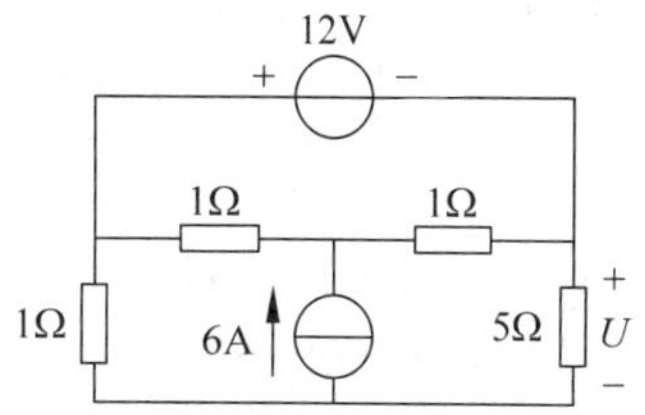   图 4-36

(6) 如图 4-37 所示,NA 为线性有源二端网络,当 S 置"1"位置时电流表读数为 2A,S 置"2"位置时,电压表读数为 4V,则当 S 置"3"位置时,电压 U 为(   )V。

    A. 4   B. 10   C. 18   D. 8

(7) 如图 4-38 所示网络 N1、N2,已知 $I_1=5A$,$I_2=6A$,则 I_3 为(   )A。

    A. 11   B. -11 C. 1   D. -1

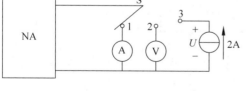

图 4-37

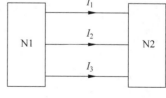

图 4-38

(8) 如图 4-39 所示电路中,U_{bc} 和 I 为(   )。

    A. $-16V,-8A$ B. $10V,5A$

    C. $16V,8A$ D. $16V,-8A$

(9) 如图 4-40 所示电路中,下列各式正确的是(　　)。

　　A. $I_1 = E_1/R_1$　　　　　　　　　　　B. $I_2 = -E_2/R_2$

　　C. $I_1 = (-E_1 - E_2)/(R_1 + R_2)$　　D. $I_2 = (-E_2 - U_{ab})/R_2$

(10) 如图 4-41 所示,要使 21Ω 电阻的电流 I 增大到 $3I$,则 21Ω 电阻应换为
(　　)Ω。

　　A. 50　　　　　　　　B. 40　　　　　　　　C. 3　　　　　　　　D. 10

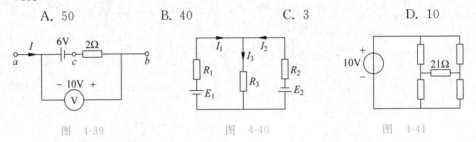

　　图　4-39　　　　　　　　　　图　4-40　　　　　　　　　图　4-41

4. 综合题

(1) 如图 4-42 所示电路,设二极管 V_D 的正向电阻为零,反向电阻无穷大,求 a 点电位 V_a。

(2) 如图 4-43 所示电路,其中电压源电压和电流源电流不得为零。

① 电流源提供的功率为零时,电流源的电流等于多少?

② 电压源提供的功率为零时,电流源的电流等于多少?

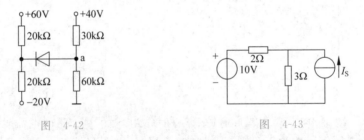

　　图　4-42　　　　　　　　　　　　　图　4-43

(3) 试用电源的等效交换求图 4-44 所示电路中的电流 I。

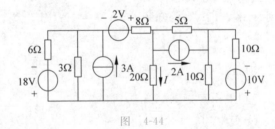

图　4-44

项目 5

认识电容和电感

知识目标

（1）能掌握电容器的基本结构和特点；

（2）能理解电容器充电放电的基本原理；

（3）能熟悉电感器的种类和特性。

能力目标

（1）能识别电容器、电感器的型号和标志；

（2）能对电容器、电感器的串联和并联进行相应的计算；

（3）能识别电容器、电感器的好坏。

素养目标

（1）能养成严谨细致、一丝不苟、实事求是的科学态度和探索精神；

（2）能形成严谨认真的职业工作态度，具备工作岗位的安全操作意识。

项目导入

电容、电感是一种储存能源元件，我们生活中的方方面面都离不开与电容、电感有关的电子产品，如电视机、电冰箱、汽车的线路板中都能见到它们的身影，如图 5-1 所示。在电子设备中电容充当整流器的平滑滤波、电源的退耦、交流信号的旁路、交直流电路的交流耦合等。在电子线路中,电感线圈对交流有限流作用,它与电阻器或电容器能组成高通或低通滤波器、移相电路及谐振电路等。接下来我们一起学习一下电容、电感的特性。

图 5-1　汽车线路板

任务 5.1　认识电容

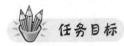

(1) 能理解电容器的基本结构;

(2) 能掌握电容器的种类;

(3) 能识别电容器的型号和标志。

5.1.1　电容器的结构

电容器是电工和电子技术中的基本元件之一,它的用途非常广泛,在电力系统中,利用它可以提高系统的功率因数;在电子技术中,它可以起到滤波、耦合、调谐、移相、旁路和选频等作用;在机械加工工艺中,利用它可以进行电火花加工等。电容器是由两片靠得较近的金属片中间再隔绝缘物质而组成的。

电容器结构与符号如图 5-2 所示。

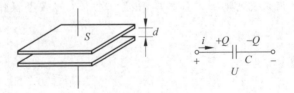

图 5-2　电容器结构与符号

5.1.2　电容器的种类

电容器的种类很多,应用也非常广泛,具体见表 5-1。

表 5-1　电容器种类

分　类	电路符号	名　称	外　形	特点及应用
固定电容器	─┤├─	瓷片电容器		由薄瓷片两面镀金属膜银而成,它的体积小,耐压高,价格低,频率高(有一种是高频电容),易碎,容量低
		云母电容器		母片上镀两层金属薄膜,容易生产,技术含量低。体积大,容量小(几乎不再使用了)
		塑封贴片/引线固体钽电容器		用金属钽作为正极,在电解质外喷上金属作为负极。稳定性好,容量大,高频特性好,造价高,一般用于重要场合
		涤纶电容器		价格便宜,性能差,适合要求不高的场合
		CBB 电容器(金属化薄膜电容器)		损耗值小,容量大,性能好,价格贵,适合要求高的场合
		贴片电容器		全称:多层(积层、叠层)片式陶瓷电容器,也称为贴片电容

续表

分类	电路符号	名称	外形	特点及应用
可变电容器	⟋	空气介质可变电容器		是一种电容量可以在一定范围内调节的电容器,一般用在收音机、电子仪器、高频信号发生器、通信设备及有关电子设备中
半可变电容器	⟋	薄膜介质可变电容器		一定范围内可调节的电容器,通常在无线电接收电路中作调谐电容器用
微调电容器	⟋			容量变化范围较小,通常只有几皮法到几十皮法
有极性电容器	⊣⊢	铝电解电容器		容量大,一般可达几千微法,接入电路时,正极接高电位端,负极接低电位端,接反会烧损电容,甚至引起爆炸
		钽电解电容器		性能优异,体积小而又能达到较大电容量

5.1.3 电容器的型号和标志识别

1. 电容的型号

国产电容的型号一般由四个部分组成,依次分别代表名称、材料、分类和序号。例如,CL21 电容器。C 表示电容器,L 表示其材料为涤纶,2 表示结构为非封闭型,1 为序号,故CL21 型电容器为涤纶有机薄膜非密封型电容器。

第一部分名称,用字母 C 表示电容器。

第二部分字母表示的部分意义,A:钽电解;B(BB,BF):聚苯乙烯等非极性薄膜(常在 B 后再加一个字母区分具体材料);C:高频陶瓷;D:铝电解(普通电解);E:其他材料电解;G:合金电解;H:纸膜电解;I:玻璃釉。

第三部分字符表示的部分意义,1:圆形,非密封,箔式;2:管型,非密封,箔式;3:叠片,密封,烧结粉,非固体;4:独石,密封;G:高功率;T:叠片式;W:微调电容。

第四部分序号,用数字表示产品序列。

2. 电容器的标识

电容器的标识方法主要有直标法、文字法和色标法。

(1)直标法

直标法用数字和单位符号直接标出,如 $1\mu F$ 表示 1 微法,有些电容用"R"表示小数点,如 R56 表示 0.56 微法。

(2)文字法

容量的标注有两种:一是数字和字母相结合,如 10p 代表 10pF,4.7m 表示 4.7mF。其特点是省略 F,小数点部分用 p、n、μ、m 表示。二是用三位数表示,第一、第二位为有效数字位,第三位为倍率,表示有效数字后零的个数,电容量的单位是 pF,如 203 表示 20×1000pF,102 表示 10×100pF。

文字法中的容量允许偏差和工作温度的字符代表意义见表 5-2、表 5-3。

表 5-2 部分容量允许偏差的代表字母

字 母	允 许 偏 差	字 母	允 许 偏 差
B	$\pm0.1\%$	J	$\pm5\%$
C	$\pm0.25\%$	M	$\pm20\%$
不标注	$+$不确定$\sim-20\%$		

表 5-3 工作温度的代表字母及数字

符号	A	B	C	D	E	0	1	2	3	4	5	6	7
温度/℃	-10	-25	-40	-55	-65	$+55$	$+70$	$+85$	$+100$	$+125$	$+155$	$+200$	$+250$

由表 5-3 可知,负温度用字母表示,正温度用数字表示。

例如,一个电容标志是 682JC4,表示电容的容量是 $6800\times(1\pm5\%)$pF,工作温度范围是 $-40\sim+125$℃。

（3）色标法

色标法用色环或色点表示电容器的主要参数。电容器的色标法与电阻相同。电容器偏差标志符号：$+100\% \sim 0$——H、$+100\% \sim 10\%$——R、$+50\% \sim 10\%$——T、$+30\% \sim 10\%$——Q、$+50\% \sim 20\%$——S、$+80\% \sim 20\%$——Z。

知识拓展

电容测试仪用于检测各种型号真空开关管,采用新型励磁线圈进行元器件真空度的不拆卸测量,如图 5-3 所示。它具有使用方便、操作简便、不拆卸测量和测试精度高等优点,是一种实用的检测仪器,广泛应用于电力、钢铁、石化、纺织、煤炭、铁路等使用真空开关的部门。

图 5-3　电容测试仪

任务5.2　探究电容器特性

任务目标

（1）能掌握电容器的特性;
（2）能理解电容器充电放电的基本原理;
（3）能对电容器串联、并联进行相应的计算。

5.2.1　电容器的特性

按图 5-4 所示连接电路,将开关 S 闭合一段时间后,把图中电路的电源换成指示灯,如图 5-5 所示。再次闭合开关 S,发现了什么现象? 可能是什么原因?

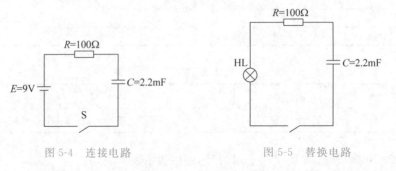

图 5-4　连接电路　　　　　图 5-5　替换电路

事实证明:电容器有储存电荷的作用。一定条件下电容器把电能转变成电场能储存起来,满足条件时再把电场能转变成电能释放,而它本身并不消耗电能。我们把电容器的这种特性叫作储能特性,电容器是一种储能元件。

实验表明:电容器就是一种储存电荷的"容器",电容器存储电荷的多少也不是无限的,由其容量来决定,用符号 C 表示,电容器存储的电荷的电量 Q 与极板间的电压 U 成正比,有

$$C = \frac{Q}{U}$$

式中:C 称为电容器的电容量,简称电容。电容的基本单位为法拉(F),但实际上,法拉是一个很不常用的单位,因为电容器的容量往往比 1 法拉小得多,常用毫法(mF)、微法(μF)、纳法(nF)、皮法(pF)(皮法又称微微法)等,它们的关系是:

$$1 \text{ 法拉(F)} = 1 \times 10^{3} \text{ 毫法(mF)} = 1 \times 10^{6} \text{ 微法}(\mu\text{F})$$
$$1 \text{ 微法}(\mu\text{F}) = 1 \times 10^{3} \text{ 纳法(nF)} = 1 \times 10^{6} \text{ 皮法(pF)}$$

平行板电容器是最简单的电容器,平行板电容器的电容量与极板面积、极板间的距离、极板间的介质有关,一般极板相对面积 S 越大,极板间的距离 d 越小、极板间介质的介电常数 ε 越大,电容器的容量越大。由实验可以证明,平板电容器的电容量可用下式表示:

$$C = \varepsilon \frac{S}{d}$$

5.2.2　电容器的串联

将几只电容器首尾依次连接成一个支路的连接方式叫电容器的串联,如图 5-6 所示是三个电容器的串联电路,加电压 U 给电容器充电,每个电容器所带的电荷量相等设为 Q。则各个电容器的电压分别为:

$$U_1 = \frac{Q}{C_1}, \quad U_2 = \frac{Q}{C_2}, \quad U_3 = \frac{Q}{C_3}$$

总电压 U 等于个电容器上的电压之和,所以

$$U = U_1 + U_2 + U_3 = Q\left(\frac{1}{C_1} + \frac{1}{C_2} + \frac{1}{C_3}\right)$$

设串联电容器的总电容为 C,$U = \frac{Q}{C}$,所以

$$\frac{1}{C} = \frac{1}{C_1} + \frac{1}{C_2} + \frac{1}{C_3}$$

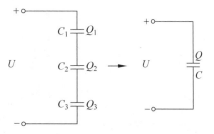

图 5-6　电容器的串联

即串联电容器总电容的倒数等于各电容器的电容倒数之和。电容器串联之后,相当于增大了两极板间的距离,所以总电容小于每个电容器的电容。

如果是 C_1 和 C_2 两个电容器串联,则总电容的计算式为:

$$C = \frac{C_1 C_2}{C_1 + C_2}$$

电容器串联的特点。

(1) 电容器的总带电量与各个电容器的带电量相等,即 $Q = Q_1 = Q_2 = Q_3$。

(2) 总电压等于各个电容器上的电压之和,即 $U = U_1 + U_2 + U_3$。

（3）总电容的倒数等于各电容倒数之和，即$\dfrac{1}{C}=\dfrac{1}{C_1}+\dfrac{1}{C_2}+\dfrac{1}{C_3}$。

（4）各电容器分配的电压与其容量成反比。

例 5-1　C_1、C_2 两个电容器串联后，接上 60V 的电压，其中 $C_1=3\mu\mathrm{F}$，$C_2=6\mu\mathrm{F}$，问每只电容器承受的电压是多少？

解　总电容为

$$C=\frac{C_1C_2}{C_1+C_2}=\frac{3\times 6}{3+6}=2(\mu\mathrm{F})$$

各个电容器所带的电荷量为：

$$Q=CU=2\times 60=120(\mu\mathrm{C})$$

电容 C_1 承受的电压

$$U_1=\frac{Q}{C_1}=\frac{120}{3}=40(\mathrm{V})$$

电容 C_2 承受的电压

$$U_2=\frac{Q}{C_2}=\frac{120}{6}=20(\mathrm{V})$$

5.2.3　电容器的并联

图 5-7 所示为三个电容器的并联。电容器并联时，加在每个电容器上的电压都相等。设电容器的电容分别为 C_1、C_2、C_3，所带的电量分别为 Q_1、Q_2、Q_3，则电容器储存的总电荷量等于各个电容器所带电荷量之和，即

$$Q=Q_1+Q_2+Q_3=(C_1+C_2+C_3)U$$

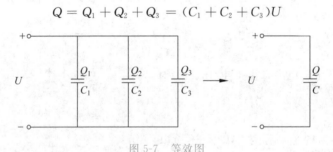

图 5-7　等效图

设并联电容器的总电容为 C，因为 $Q=CU$，所以

$$C=C_1+C_2+C_3$$

即并联电容器的总电容等于各电容器的电容之和。电容器并联之后，相当于增大了两极板的面积，所以总电容大于每个电容器的电容。

5.2.4　电容器的充电和放电

1. 能量来源

电容器在充电过程中，两极板上有电荷积累，极板间形成电场。电场具有能量，此能量是从电源吸取过来储存在电容器中的。

2. 电容器的充电

在图 5-8 所示电路中，C 是一个电容量很大的未充电的电容器，当开关 S 掷向触点 1 时，灯泡 HL 从最亮渐变至不亮，说明电路中有电流，但电流从最大渐小至很小，电容器中的电荷从增加较快逐渐变慢直至几乎不再增加，这时电容器充电结束。

电容器充电过程中电路中的电流和电容上电压的变化见表 5-4。

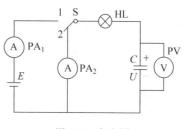

图 5-8 充电图

表 5-4 电容器充电时电流电压变化

项 目	开始时	过程中	结束时
电流 i	最大 $\left(I_0 = \dfrac{E}{R}\right)$	渐小	趋向于 0
电压 u_C	0	渐大	趋向于 E

3. 电容器的放电

在图 5-8 所示电路中，充电电流几乎为零时将开关 S 掷向触点 2，发现灯泡 HL 最亮并渐暗至不亮，说明电路中有电流，但电流从最大渐至很小，电容器中的电荷从减少较快逐渐变慢直至几乎不再减少，此时电容器放电完毕。

电容器放电过程中电路中的电流和电容上电压变化见表 5-5。

表 5-5 电容器放电时电流电压变化

项 目	开始时	中间	结束时
电流 i'	最大 $\left(I_0' = -\dfrac{U_C}{R}\right)$	渐小	趋向于 0
电压 u_C'	最大 (U_C)	渐小	趋向于 0

电容器可"隔直通交"。电容器接直流电源时，一开始充电电流最大，随后电流逐渐减小，当极板间的电压稳定时，充电结束，电路中电流为 0，此时电路相当于开路状态，这就是"隔直"；电容器接交流电源时，电容器极板间电压随交流电的变化而不断变化，也就是极板间的电压方向不断变化，这使电容器不断充电和放电，因而电路中总有电流流动，这就是"通交"。

5.2.5 RC 电路的过渡过程

在电阻、电容串联电路中，电容器充放电时，从一种稳定状态变化到另一种稳定状态必须经历的物理过程称为 RC 电路的过渡过程。电容器充电时，其两端的电压逐渐增大，充电电流逐渐减小；放电时，其两端的电压逐渐减小，放电电流也逐渐减小。充放电达到稳态值所需要的时间与 R 和 C 的大小有关。R 和 C 的乘积称为 RC 电路的时间常数，用 τ 表示，单位是秒(s)。即

$$\tau = RC$$

τ 越大,充放电越慢,即过渡过程就越长。反之 τ 越小,过渡过程就越短。在实际应用中,当过渡过程经过 $3\tau\sim5\tau$ 时间后,可认为过渡过程基本结束而进入稳定状态。

 知识拓展

　　超级电容器是一种电容量可达数千法拉的极大容量电容器,如图 5-9 所示。根据电容器的原理,电容量取决于电极间距离和电极表面积,为了得到大的电容量,要尽可能缩小超级电容器电极间距离、增加电极表面积,为此,可以采用双电层原理和活性炭多孔化电极。超级电容器可以储存极大的电容量,是一种新型储能装置,具有功率密度高、充电时间短、使用寿命长、温度特性好、节约能源和绿色环保等特点。

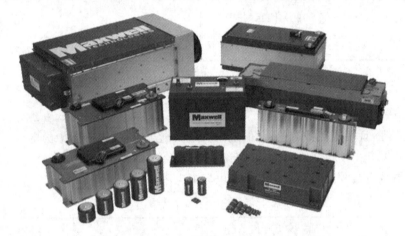

图 5-9　超级电容器

任务 5.3　认识电感

 任务目标

　　(1) 能理解电感的基本结构;
　　(2) 能掌握电感的种类;
　　(3) 能识别电感的型号和标志。

5.3.1　电感

　　电感器是能够把电能转化为磁能而存储起来的元件,电感器又称扼流器、电抗器、动态电抗器。电感器的结构类似于变压器,但只有一个绕组。电感器具有一定的电感,它只阻止电流的变化。如果电感器中没有电流通过,则它阻止电流流过;如果有电流流过,则电路断开时它将试图维持电流不变。

　　用导线绕成一匝或多匝以产生一定自感量的电子元件称电感线圈或简称线圈。电感器在电子线路中应用广泛,是实现振荡、调谐、耦合、滤波、延迟、偏转的主要元件之一。在高频电子设备中,印制电路板上一段特殊形状的铜皮也可以构成一个电感器,通常把这种电感器称为印制电感或微带线。在电子设备中,经常可以看到由许多磁环与连接电缆构成一个电感器(电缆中的导线在磁环上绕几圈作为电感线圈),它是电子电路中常用的抗干扰元件,对于高频噪声有很好的屏蔽作用。常见电感的符号如图5-10所示。

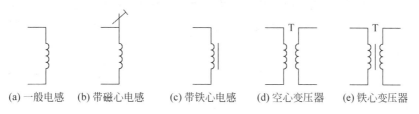

(a) 一般电感　　(b) 带磁心电感　　(c) 带铁心电感　　(d) 空心变压器　　(e) 铁心变压器

图 5-10　常见电感符号

　　按电感形式分类:固定电感、可变电感。

　　按导磁体性质分类:空心线圈、铁氧体线圈、铁心线圈、铜心线圈。

　　按工作性质分类:天线线圈、振荡线圈、扼流线圈、陷波线圈、偏转线圈。

　　按绕线结构分类:单层线圈、多层线圈、蜂房式线圈。

　　按工作频率分类:高频线圈、低频线圈。

　　按结构特点分类:磁心线圈、可变电感线圈、色码电感线圈、无磁心线圈等。

　　常见电感的外形如图5-11所示。

(a) 固定电感　　　　　　(b) 空心线圈　　　　　　(c) 扼流线圈

图 5-11　常见电感的外形

5.3.2　电感的主要参数

1. 电感量 L

　　电感量 L 表示线圈本身的固有特性。电感器电感量的大小与主线圈的圈数(匝数)、绕制方式、有无磁心及磁心的材料有关。通常,线圈圈数越多、绕制的线圈越密集,电感量就越大。有磁心的线圈比无磁心的线圈电感量大;磁心导磁率越大的线圈,电感量也越大。

　　电感量的基本单位是亨利(简称亨),用字母"H"表示,常用的单位还有毫亨(mH)和微亨(μH),它们之间的关系是:1H=1000mH,1mH=1000μH。

2. 感抗 X_L

电感线圈对交流电流阻碍作用的大小称感抗 X_L，单位是欧姆。它与电感量 L 和交流电频率 f 的关系为 $X_L=2\pi fL$。

3. 品质因数 Q

品质因数也称 Q 值或优值，是衡量电感器质量的主要参数，它是指电感器在某一频率的交流电压下工作时，所呈现的感抗与其等效损耗电阻之比，即 $Q=X_L/R$。线圈的 Q 值越高，回路的损耗越小。线圈的 Q 值与导线的直流电阻、骨架的介质损耗、屏蔽罩或铁心引起的损耗、高频趋肤效应的影响等因素有关。线圈的 Q 值通常为几十到几百。采用磁心线圈、多股粗线圈均可提高线圈的 Q 值。

4. 分布电容

线圈的匝与匝间、线圈与屏蔽罩间、线圈与底板间存在的电容称为分布电容。分布电容的存在使线圈的 Q 值减小，稳定性变差，因而线圈的分布电容越小越好。

5. 允许误差

电感量实际值与标称之差除以标称值所得的百分数称允许误差。

6. 标称电流

标称电流指线圈允许通过的电流大小，通常用字母 A、B、C、D、E 分别表示，标称电流值为 50mA、150mA、300mA、700mA、1600mA。

5.3.3　电感器的标注

电感器的标志方法有直标法、文字符号标志法、色码标志法等几种。

1. 直标法

电感器采用直标法标注时，一般会在外壳上标注电感量、误差和额定电流值。在标注电感量时，通常会将电感量值及单位直接标出，如图 5-12 所示。在标注误差时，分别用 Ⅰ、Ⅱ、Ⅲ 表示±5％、±10％、±20％，在标额定电流时分别用 A、B、C、D、E 分别表示。

2. 文字符号标志法

电感器的文字符号标志法同样是用单位的文字符号表示，当单位为 μH 时，用 R 作为电感器的文字符号，其他与电阻器的标注相同，如图 5-13 所示。

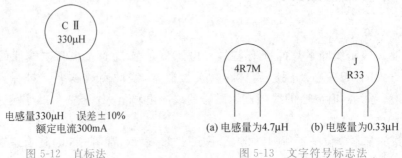

C Ⅱ 330μH 电感量330μH　误差±10% 额定电流300mA 图 5-12　直标法	4R7M　　　J R33 (a) 电感量为4.7μH　(b) 电感量为0.33μH 图 5-13　文字符号标志法

3. 色码标志法

电感器的色码标志法多数采用色环标志法。色环电感识别方法与电阻是相同的(色环代表的数和判断方向同电阻器)。色环电感中,前面两条色环代表的数为有效值,第三条色环代表的数为零的个数或倍率。如图 5-14 所示,电感量为 $2.7\mu H$ 或 $27\times10^{-1}=27\times0.1=2.7\mu H$。

红紫金

图 5-14　色环标志法

5.3.4　常用的电感线圈

1. 单层线圈

单层线圈是用绝缘导线一圈挨一圈地绕在纸筒或胶木骨架上。如晶体管收音机中波天线线圈。

2. 蜂房式线圈

如果绕制的线圈,其平面不与旋转面平行,而是相交成一定的角度,这种线圈称为蜂房式线圈。而其旋转一周,导线来回弯折的次数,常称为折点数。蜂房式绕法的优点是体积小,分布电容小,而且电感量大。蜂房式线圈是利用蜂房绕线机绕制的,折点越多,分布电容越小。

3. 铁氧体磁心和铁粉心线圈

线圈的电感量大小与有无磁心有关。在空心线圈中插入铁氧体磁心,可增加电感量和提高线圈的品质因数。

4. 铜心线圈

铜心线圈在超短波范围应用较多,利用旋动铜心在线圈中的位置来改变电感量,这种调整比较方便、耐用。

5. 色码电感线圈

色码电感线圈是一种高频电感线圈,在磁心上绕上一些漆包线后再用环氧树脂或塑料封装而成。它的工作频率为 $10kHz\sim200MHz$,电感量一般为 $0.1\mu H\sim3300\mu H$。色码电感器是具有固定电感量的电感器,其电感量标志方法同电阻一样以色环来标记。其单位为 μH。

6. 阻流圈(扼流圈)

限制交流电通过的线圈称阻流圈,分高频阻流圈和低频阻流圈。

7. 偏转线圈

偏转线圈是电视机扫描电路输出级的负载,偏转线圈要求偏转灵敏度高、磁场均匀、Q 值高、体积小、价格低。

知识拓展

　　电感测试仪采用桥式电路结构,标准电感器和被试电感器作为桥式电路的两臂。当进行电感器电感值测量时,测试电压同时施加在标准电感器和被试电感器上,处理器通过传感器采集流过两者的电流信号并进行处理后得被试电感器的电感值,如图 5-15 所示。由于采用标准电感器、被试电感器同步采样技术,可不受电源电压波动的影响,加之测量过程是全自动进行的,避免了手动操作引起的误差,因此电感测试仪具有稳定性好、重复性好,准确性高的特点。

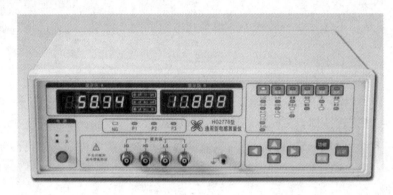

图 5-15　电感测试仪

任务 5.4　探究电感器特性

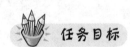

任务目标

　　(1) 能掌握电感的特性;
　　(2) 能理解电感串、并联的特点;
　　(3) 能识别电感的好坏,并用万用表进行实际检测。

5.4.1　电感的特性

　　电感器的特性与电容器的特性正好相反,它具有阻止交流电通过而让直流电顺利通过的特性。直流信号通过线圈时的电阻就是导线本身的电阻,压降很小;当交流信号通过线圈时,线圈两端将会产生自感电动势,自感电动势的方向与外加电压的方向相反,阻碍交流的通过,所以电感器的特性是通直流、阻交流,频率越高,线圈阻抗越大。电感器在电路中经常和电容器一起工作,构成 LC 滤波器、LC 振荡器等。另外,人们还利用电感的特性,制造了阻流圈、变压器、继电器等。

通直流：指电感器对直流呈通路状态，如果不计电感线圈的电阻，那么直流电可以"畅通无阻"地通过电感器，对直流而言，线圈本身电阻对直流的阻碍作用很小，所以在电路分析中往往忽略不计。

阻交流：当交流电通过电感线圈时，电感器对交流电存在着阻碍作用，阻碍交流电的是电感线圈的感抗。

5.4.2 电感的串、并联

1. 电感线圈的串联

每只电感线圈都具有一定的电感量。如果将两只或两只以上的电感线圈串联起来总电感量是增大的，如图 5-16 所示，串联后的总电感量为：

$$L_{串} = L_1 + L_2 + \cdots + L_n$$

2. 电感线圈的并联

线圈并联起来以后总电感量是减小的，如图 5-17 所示，并联后的总电感量为：

$$L_{并} = 1 \left/ \left(\frac{1}{L_1} + \frac{1}{L_2} + \cdots + \frac{1}{L_n} \right) \right.$$

上述计算公式，是针对每只线圈的磁场各自隔离而不相接触的情况，如果磁场彼此发生接触，就要另作考虑了。

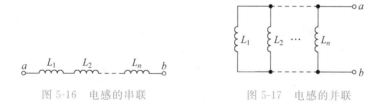

图 5-16 电感的串联   图 5-17 电感的并联

5.4.3 电感的识别

1. 外观检查

检测电感时先进行外观检查，看线圈有无松散，引脚有无折断，线圈是否烧毁或外壳是否烧焦。若有上述现象，则表明电感已损坏。

2. 万用表电阻法检测

用万用表的欧姆挡测线圈的直流电阻，电感的直流电阻值一般很小，匝数多、线径细的线圈能达几十欧；对于有抽头的线圈，各引脚之间的阻值均很小，仅有几欧姆左右。若用万用表 $R \times 1$ 挡测线圈的直流电阻，阻值无穷大说明线圈（或与引出线间）已经开路损坏；阻值比正常值小很多，则说明有局部短路；阻值为零，说明线圈完全短路，如图 5-18 所示。

3. 万用表电压法检测

万用表电压法检测实际上是利用万用表测量电感量，以 MF50 型万用表为例，检测电路如图 5-19 所示，检测方法如下。

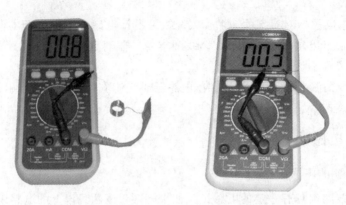

图 5-18　电阻法检测

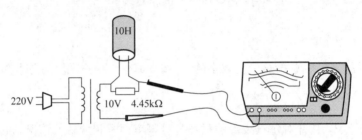

图 5-19　电压法检测

（1）选择量程

把万用表转换开关置于交流 10V 挡。

（2）配接交流电源

准备一只调压型或输出 10V 的电源变压器，然后按图 5-19 所示的方法进行连接测量。

（3）测量与读数

交流电源、电容器、万用表串联成闭合回路，上电后进行测量。待表针稳定后即可读数，如图 5-20 所示。

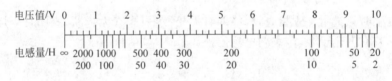

图 5-20　测量读数

 知识拓展

磁珠用于抑制信号线、电源线上的高频噪声和尖峰干扰，还具有吸收静电脉冲的能力，如图 5-21 所示。RF 电路，PLL，振荡电路，含超高频存储器电路等都需要在电源输入部分加磁珠。磁珠有很高的电阻率和磁导率，等效于电阻和电感串联，但电阻值和电感值都随频率变化。

图 5-21 磁珠

项 目 小 结

（1）在电子技术中，电容器可以起到滤波、耦合、调谐、移相、旁路和选频等作用。

（2）电容器的标志方法主要有直标法、文字法和色环法。

（3）电容器是一种储能元件，具有储存电荷的作用。一定条件下电容器把电能转变成电场能储存起来，满足条件时再把电场能转变成电能释放。

（4）电容器存储的电荷的电量 Q 与极板间的电压 U 成正比：

$$C = \frac{Q}{U}$$

（5）平行板电容器的电容量与极板面积、极板间的距离、极板间的介质有关，平板电容器的电容量可用下式表示：

$$C = \varepsilon \frac{S}{d}$$

（6）串联电容器总电容的倒数等于各电容器的电容倒数之和。

（7）并联电容器的总电容等于各电容器的电容之和。

（8）在电阻、电容串联电路中，电容器充放电时，从一种稳定状态变化到另一种稳定状态所必须经历的物理过程称为 RC 电路的过渡过程。

（9）用导线绕成一匝或多匝以产生一定自感量的电子元件，常称电感线圈。

（10）电感器的标志方法有直标法、文字符号标志法、色码标志法。

（11）电感的主要特性参数：电感量 L、感抗 X_L、品质因数 Q、分布电容、允许误差、标称电流。

（12）电感线圈的串联：$L_{串} = L_1 + L_2 + \cdots + L_n$。

（13）电感线圈的并联：$L_{并} = 1 \left/ \left(\dfrac{1}{L_1} + \dfrac{1}{L_2} + \cdots + \dfrac{1}{L_n} \right) \right.$。

（14）电感的识别：外观检查、万用表电阻法检测、万用表电压法检测。

技能训练6　利用万用表进行电容器的简易检测

一、实训目的

（1）能掌握电容器的基本特性。

（2）能用万用表进行电容器的简易检测。

（3）能熟悉电容器元件的故障现象。

二、实训要求

（1）能用万用表电阻挡检测电解电容器。

（2）能用万用表判断电解电容器的正、负极。

（3）能用万用表电阻挡鉴别较大电容的质量。

三、实训器材

指针式万用表、电解电容器(不同类型,好的、坏的各若干)、可变电容器、一般电容器若干。

四、实训步骤

1. 用万用表电阻挡检测电解电容器

电解电容器有正、负极之分,若引线正负极标记可辨,检测时,对耐压较低的电解电容器(如 6V、10V),电阻挡应放在 $R \times 100$ 或 $R \times 1k$ 挡,把红表笔接电容器的负极,黑表笔接正极。检测可见如下现象：

（1）如果电容器容量很大且质量很好,则表针会向右偏转,然后向左摆回至原位。电解电容器的容量越大,充电时间越长,指针摆动越慢。

（2）如果电容器漏电量很大,则指针回不到原位,而是停留在某一刻度上,其读数即为电容器的漏电阻值。此值一般几百至几千欧。

（3）如果表针偏转到欧姆零位后不再回摆,说明电容器内部已短路。

（4）如果表针根本不偏转,则说明电容器内部可能已短路,或电容很小,充放电电流很小,不足以使表针偏转。

2. 用万用表判断电解电容器的正、负极

一些耐压较低的电解电容器,如果正、负极引线标志不清时,可根据它的正接时漏电电流小(电阻值大),反接时漏电电流大的特性来判断。

用红、黑表笔接触电容器的两引线,记住指针回摆并停下时所指示的阻值(漏电电流)

的大小,然后把此电容器的正、负引线短接一下,将红、黑表笔对调后再测漏电电流。以漏电电流较小(电阻较大)的一次测量为标准进行判断,与黑表笔接触的那根引线是电解电容器的正极。

3. 用万用表检查可变电容器

可变电容有一组定片和一组动片,用万用表电阻挡可检查动、定片之间有无碰片。用红、黑表笔分别接动片和定片,旋转轴柄,电表指针不动,说明动、定片之间无短路(碰片);若指针摆动,说明电容器有短路点。

4. 用万用表电阻挡粗略鉴别较大电容的质量

用万用表电阻挡只能检测 5000pF 以下电容器内部是否击穿,而对 5000pF 以上电容器可大致鉴别其质量好坏。检查时把电阻挡置于量程最高挡,两表笔分别与电容器两端接触,这时指针快速地摆动一下,然后复原;反向连接,摆动的幅度比第一次更大,而后又复原,这样的电容器是好的。电容器的容量越大,测量时电表指针摆动越大,指针复原的时间也较长。可根据电表指针摆动的大小来比较两个电容器容量的大小。

🔍 任务测评

任务完成后填写任务考核评价表,见表 5-6。

表 5-6 考核评价表

任务名称	利用万用表进行电容器的简易检测		姓名		总分		
考核项目	考核内容	配分	评分标准		自评	互评	师评
			优 良 中 合格				
知识与技能(50分)	(1) 能掌握电容器的基本特性	5	5	5	4	3	
	(2) 能用万用表电阻挡检测电解电容器	15	15	12	10	8	
	(3) 能用万用表判断电解电容器的正、负极	10	10	8	7	6	
	(4) 能用万用表检查可变电容器	10	10	8	7	6	
	(5) 能用万用表电阻挡粗略鉴别较大电容的质量	10	10	8	7	6	
过程与方法(20分)	(1) 能借助信息化资源进行信息收集,自主学习	5	5	4	3	2	
	(2) 能够在实操过程中发现问题并解决问题	5	5	4	3	2	
	(3) 工作实施计划合理,任务书填写完整	5	5	4	3	2	
	(4) 能与老师进行交流,提出关键问题,有效互动	5	5	4	3	2	

续表

考核项目	考核内容	配分	评分标准				自评	互评	师评
			优	良	中	合格			
情感态度与价值观(30分)	(1) 能与同学良好沟通,小组协作	6	6	5	4	3			
	(2) 态度端正,认真参与,遵守管理规定及劳动纪律	6	6	5	4	3			
	(3) 安全操作,无损伤,损坏元件及设备,并提醒他人	6	6	5	4	3			
	(4) 按时完成任务,工作积极主动	6	6	5	4	3			
	(5) 实训结束台面整洁,工具摆放整齐	6	6	5	4	3			
总　计		100							

达 标 检 测

1. 判断题

(1) 由 $C=Q/U$ 可知:电容 C 与电量 Q 成正比,与电压 U 成反比。　　　　(　　)

(2) 两个 S 和 d 相等的甲、乙两只电容器,甲的介质是空气,乙的是真空,则 $C_乙 > C_甲$。

(　　)

(3) 电阻是越串越大,而电容器串联则是越串越小。　　　　　　　　　　(　　)

(4) 电阻并联是越并越小,而电容并联则是越并越大。　　　　　　　　　(　　)

(5) 电容器充上电荷,也就以电场的形式储存了电场能。　　　　　　　　(　　)

(6) 半可变电容是指变化范围较小的电容。　　　　　　　　　　　　　　(　　)

(7) 电容串联,电容越大分得的电压也越大。　　　　　　　　　　　　　(　　)

(8) 电容并联,电容越大分得的电荷量就越小。　　　　　　　　　　　　(　　)

(9) 并联电容器各电容上的电荷量相等。　　　　　　　　　　　　　　　(　　)

2. 填空题

(1) 电容器的标志方法主要有_____、_____和_____。

(2) 平行板电容器的电容量与_____、_____、_____有关。

(3) 串联电容器总电容的倒数等于各电容器的电容倒数_____。

(4) 电感线圈对交流电流阻碍作用的大小称_____。

(5) 限制交流电通过的线圈称阻流圈,分_____和低频阻流圈。

(6) 电感器的特性与电容器的特性正好_____,它具有阻止交流电通过而让直流电顺利通过的特性。

3. 选择题

(1) C_1、C_2 两只电容串联,其中,$C_1 = 3C_2$,则(　　)。

A. $Q_1 < Q_2$,$U_1 = 3U_2$　　　　　　　　B. $Q_1 > Q_2$,$U_1 = \dfrac{1}{3}U_2$

C. $Q_1 = Q_2, U_2 = 3U_1$ 　　　　　　　　　D. $Q_1 = Q_2, U_2 = \frac{1}{3}U_1$

(2) C_1、C_2 两只电容并联,其中,$C_1 = \frac{3}{4}C_2$,则(　　)。

　　A. $U_1 = U_2, Q_1 = \frac{4}{3}Q_2$ 　　　　　　　B. $U_1 = U_2, Q_1 = \frac{3}{4}Q_2$

　　C. $U_1 < U_2, Q_1 = 3Q_2$ 　　　　　　　D. $U_1 > U_2, Q_1 = 4Q_2$

(3) 某电容 C 和 $6\mu F$ 的电容串联后的总电容等于未知电容的 $1/2$,则 $C = ($　　$)\mu F$。
　　A. 6 　　　　　　　B. 12 　　　　　　　C. 1/2 　　　　　　　D. 6/11

(4) $C_1 = 1\mu F, C_2 = 20\mu F$,则 $C_{并} = ($　　$)\mu F$。
　　A. 1/20 　　　　　B. 20/21 　　　　　C. 21 　　　　　　　D. 19

(5) 某电容 C 和 $1\mu F$ 的电容并联后的总电容等于未知电容的 3 倍,则 $C = ($　　$)\mu F$。
　　A. 2 　　　　　　　B. 3 　　　　　　　C. 1/3 　　　　　　　D. 1/2

(6) $C_1 = 3\mu F, C_2 = 9\mu F$,则 $C_{串} = ($　　$)\mu F$。
　　A. 12 　　　　　　B. 6 　　　　　　　C. 9/4 　　　　　　　D. 4/9

(7) 两个结构完全相同的电容器甲和乙,甲的介质是云母,乙的介质是石英,则(　　)。
　　A. $\varepsilon_甲 < \varepsilon_乙$ 　　　　　　　　B. $\varepsilon_甲 > \varepsilon_乙$
　　C. $\varepsilon_甲 = \varepsilon_乙$ 　　　　　　　　D. 以上均不对

(8) 有"200pF/16V,100pF/10V"的电容器两只,现将它们并联起来,则最大外加电压为(　　)V。
　　A. 16 　　　　　　B. 10 　　　　　　　C. 26 　　　　　　　D. 160

(9) 有"$2\mu F/40V$,$1\mu F/80V$"的电容器两只,现将它们串联起来,则最大外加电压为(　　)V。
　　A. 120 　　　　　　B. 40 　　　　　　　C. 80 　　　　　　　D. 320

(10) 某同学从插座上拔出万能充电器后,充电器的指示灯继续亮了一会儿后才完全熄灭,此现象表明(　　)。
　　A. 电容器正在充电 　　　　　　　B. 电容器正在放电
　　C. 220V 照明电还没完全消失 　　　D. 以上均不对

(11) 电容器的选择主要依据(　　)。
　　A. 标称容量 　　　　　　　　　　B. 额定电压
　　C. 标称容量和额定电压 　　　　　D. 以上均不对

(12) 当电容器的耐压够用,而需要的电容量较大时,可采用(　　)。
　　A. 串联 　　　　　　　　　　　　B. 并联
　　C. 混联 　　　　　　　　　　　　D. 以上均不对

(13) 当电容器的容量够用,而需要的外加电压较大时,可采用(　　)。
　　A. 串联 　　　　　　　　　　　　B. 并联
　　C. 混联 　　　　　　　　　　　　D. 以上均不对

(14) 给手机电池充电时,对手机电池和充电器来说(　　)。
　　A. 充电,放电 　　B. 放电,充电 　　C. 充电 　　　　D. 放电

4. 应用题

(1) 如图 5-22 中，$C_1 = C_2 = C_3 = C_0 = 200\mu F$，额定工作电压为 50V，电源电压 $U = 120V$，这组串联电容器的等效电容是多少？每只电容器两端的电压是多少？在此电压下工作是否安全？

(2) 现有两只电容器，其中一只电容器的电容 $C_1 = 2\mu F$，额定工作电压为 160V，另一只电容器的电容 $C_2 = 10\mu F$，额定工作电压为 250V，若将这两个电容器串联起来，接在 300V 的直流电源上，如图 5-23 所示，每只电容器上的电压是多少？这样使用是否安全？

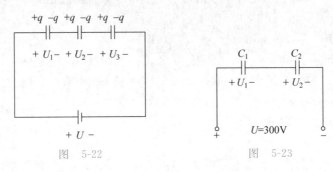

图　5-22　　　　　　　　图　5-23

项目

认识磁场和电磁感应

 知识目标

(1) 能熟悉磁感应强度、磁通、磁导率等物理量;
(2) 能掌握电磁感应定律、楞次定律和右手定则;
(3) 能理解自感系数、互感系数、同名端的概念。

 能力目标

(1) 能用右手螺旋定则正确判断通电直导体和通电螺线管的磁场方向;
(2) 能熟练应用楞次定律和右手定则判别感应电动势的方向;
(3) 能运用磁路欧姆定律进行相关的运算。

 素养目标

(1) 能养成严谨细致、一丝不苟、实事求是的科学态度和探索精神;
(2) 能形成严谨认真的工作态度,具备工作岗位的安全操作意识。

 项目导入

　　平时听说过许多电和磁连在一起的词汇,如电磁铁、电磁炉、电磁波、电磁场等,如图 6-1 所示,电与磁究竟是怎样的关系?人们探索电和磁之间的普遍联系的理论,在实际应用方面有更为重要的意义,其中电力、电信等工程的发展就同这一发现有密切的关系。发电机、变压器等重要的电力设备都是直接应用电磁感应原理制成的,用它们建立电力系统,将各种能源(煤、石油、水力等)转换成电能并输送到需要的地方,极大地推动了社会生产力的发展。本项目我们一起来学习磁场、探究电磁感应现象和磁路欧姆定律以及自感和互感现象,并了解它们在工程中的应用。

图 6-1 电磁炉

任务 6.1 认识磁场

任务目标

(1) 能理解磁场及其特性;
(2) 能掌握磁感应强度、磁通、磁导率等物理量;
(3) 能用右手螺旋定则正确判断通电直导体和通电螺线管的磁场方向。

6.1.1 磁场

某些物体能够吸引铁、镍、钴等物质的性质称为磁性。具有磁性的物体称为磁体,磁体分天然磁体和人造磁体两大类。常见的人造磁体有条形磁体、蹄形磁体和磁针等,如图 6-2 所示。

磁体两端磁性最强的部分称磁极。可以在水平面内自由转动的磁针,静止后总是一个磁极指南,另一个指北。指北的磁极称北极(N),指南的磁极称南极(S)。

思考:把磁体一分为二,它们的磁极会分割开吗?

图 6-2 常见人造磁体

任何磁体都具有两个磁极,而且无论把磁体怎么分割,它总是保持两个异性磁极,如图 6-3 所示。磁极之间存在相互作用,同性相斥,异性相吸,磁极不能单独存在。

两个磁极互不接触,却存在相互作用的力,这是为什么呢?原来在磁体周围的空间中存在着一种特殊的物质——磁场,磁极之间的作用就是通过磁场进行传递的。

磁场的方向是怎样规定的呢? 在磁场中的某一点放一个可以自由转动的小磁针,当它静止时,N 极所指方向即为该点的磁场方向。

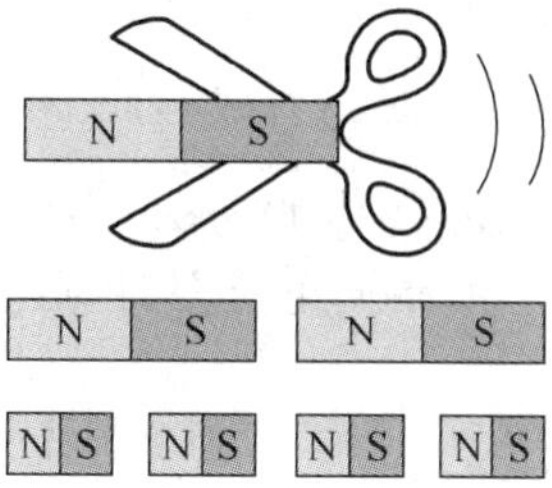

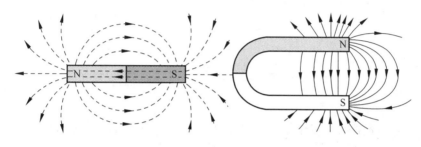

图 6-3 磁体磁极

6.1.2 磁感线

磁场这种物质看不见,摸不着,那如何描述呢? 为了描述磁场而引入的假想曲线叫作磁感线。磁感线是闭合的曲线,它的方向定义为:在磁体外部由 N 极指向 S 极,在磁体内部由 S 极指向 N 极。磁体周围的磁感线分布如图 6-4 所示。

图 6-4 磁体周围的磁感线分布

磁感线的特点如下:

(1) 磁感线是假想的,不是真实的。

(2) 磁感线的疏密表示磁场的强弱,磁感线密的地方磁场强,疏的地方磁场弱。

(3) 磁感线上每一点的切线方向即为该点的磁场方向。

(4) 磁感线是闭合曲线,磁感线不相交。

6.1.3 电流的磁场

把一个小磁针放在通电导线旁,小磁针会转动;在铁钉上绕上漆包线,通上电流后,铁钉能吸住小铁钉。这些都说明不仅磁铁能产生磁场,电流也能产生磁场,这种现象称为电流的磁效应,如图 6-5 所示。

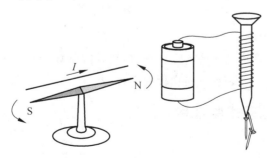

图 6-5 电流的磁效应

判断电流周围磁场方向的方法为右手螺旋定则(又称安培定则)。

1. 通电直导线周围的磁场

通电直导线周围的磁场如图 6-6(a)所示,判断方法是:用右手握住通电直导体,拇指伸直并指向电流方向,则弯曲的四指所指的方向就是磁场方向,如图 6-6(b)所示。

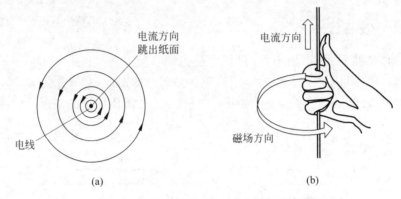

图 6-6　通电直导线周围的磁场分布及判断方法

2. 环形电流周围的磁场

让右手弯曲的四指与环形电流的方向一致,伸直的拇指所指的方向就是环形导线轴线上磁感线的方向,如图 6-7 所示。

3. 通电螺线管内部的磁场

螺线管通电后,磁场方向仍可用右手螺旋定则来判定:用右手握住螺线管,四指指向电流的方向,拇指所指的就是螺线管内部的磁场方向,如图 6-8 所示。

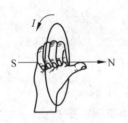

图 6-7　环形电流周围的磁场判断方法

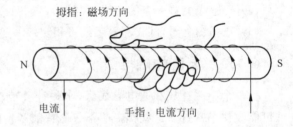

图 6-8　通电螺线管内部的磁场判断方法

4. 各种电流周围的磁场分布

直流电流的磁场、环形电流的磁场、通电螺线管的磁场分布见表 6-1。其中"×"表示方向为指向纸面内部,"·"表示方向为指向读者。

6.1.4　磁场的基本物理量

1. 磁感应强度(B)

为了定量地描述磁场中各点磁场的强弱和方向,需要引入磁感应强度等物理量。在

表 6-1　电流周围的磁场分布

项目	直流电流的磁场	环形电流的磁场	通电螺线管的磁场
立体图	（磁场分布图，标注 I）	（磁场分布图，标注 I、S、N）	（磁场分布图，标注 N、S）
横截面图	（磁场分布图）	（磁场分布图，标注 I）	（磁场分布图，标注 I）
纵截面图	（磁场分布图，标注 I）	（磁场分布图，标注 I、S、N）	（磁场分布图，标注 N、S）

磁场中,垂直于磁场方向的通电导线,所受电磁力 F 与电流 I 和导线长度 L 的乘积 IL 的比值称为该点的磁感应强度,用 B 表示,即

$$B = \frac{F}{IL}$$

磁感应强度的单位是特斯拉,简称特,用字母 T 表示。

2. 磁通(Φ)

设在磁感应强度为 B 的均匀磁场中,有一个与磁场方向垂直的平面,面积为 S,把 B 与 S 的乘积定义为穿过这个面积的磁通量,简称磁通,如图 6-9 所示。用 Φ 表示,即

$$\Phi = BS$$

磁通的单位是韦伯,简称韦,用 Wb 表示。

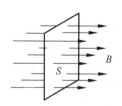 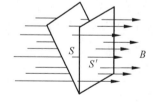

图 6-9　磁通

3. 磁导率(μ)

若在磁场中放置某种物体(例如将软铁插入线圈),磁场的强弱会受到影响。放置不同的物质,对磁场强弱的影响不同。放置物质处的磁感应强度 B 将发生变化,磁介质对磁场的影响程度取决于它本身的导磁性能。

物质导磁性能的强弱用磁导率 μ 来表示。μ 的单位是亨利/米(H/m)。不同的物质磁导率不同。在相同的条件下,μ 值越大,磁感应强度 B 越大,磁场越强;μ 值越小,磁感应强度 B 越小,磁场越弱。

真空中的磁导率是一个常数,用 μ_0 表示

$$\mu_0 = 4\pi \times 10^{-7} \text{H/m}$$

为便于对各种物质的导磁性能进行比较,以真空磁导率 μ_0 为基准,将其他物质的磁导率 μ 与 μ_0 比较,其比值叫相对磁导率,用 μ_r 表示,即

$$\mu_r = \frac{\mu}{\mu_0}$$

根据相对磁导率 μ_r 的大小,可将物质分为三类。

(1) 顺磁物质:μ_r 略大于1,如空气、氧、锡、铝、铅等物质都是顺磁性物质。在磁场中放置顺磁性物质,磁感应强度 B 略有增加。

(2) 反磁物质:μ_r 略小于1,如氢、铜、石墨、银、锌等物质都是反磁性物质,又叫作抗磁性物质。在磁场中放置反磁性物质,磁感应强度 B 略有减小。

(3) 铁磁物质:$\mu_r \gg 1$,且不是常数,如铁、钢、铸铁、镍、钴等物质都是铁磁性物质。在磁场中放入铁磁性物质,可使磁感应强度 B 增加几千甚至几万倍。材料磁导率见表 6-2。

表 6-2　材料磁导率

材　料	相对磁导率	材　料	相对磁导率
钴	174	镍铁合金	60000
镍	1120	真空中融化的电解铁	12950
软钢	2180	坡莫合金	115000
硅钢片	7000～10000	铝硅铁粉	7
未经退火的铸铁	240	锰锌铁氧体	5000
已经退火的铸铁	620	镍铁铁氧体	1000

4. 磁场强度(H)

磁场中某点的磁场强度等于该点磁感应强度与介质磁导率的比值,用字母 H 表示。

$$H = \frac{B}{\mu}$$

磁场强度 H 也是矢量,其方向与磁感应强度 B 同向,单位是安培/米(A/m)。

磁场中各点的磁场强度 H 的大小只与产生磁场的电流 I 的大小和导体的形状有关,与磁介质的性质无关。

6.1.5　安培力

通电导体在磁场中受到的力称为安培力。安培力的大小和方向与什么有关呢?下面我们通过两个实验来探究一下。

实验 6-1　如图 6-10 所示,改变导线中电流的方向,观察导体受力方向是否改变;上下交换磁场的位置以改变磁场的方向,观察受力方向是否变化。

我们发现安培力的方向由磁场方向和电流方

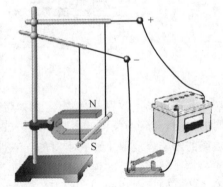

图 6-10　探究安培力实验

向决定。通电导体在磁场中的受力方向可用左手定则判断：伸开左手，使拇指与其他四指垂直且在一个平面内，让磁感线垂直穿入手心，四指指向电流的方向，此时拇指所指的就是通电导体所受安培力的方向，如图 6-11 所示。

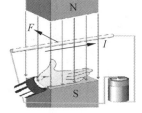

图 6-11　左手定则

左手定则的使用。

（1）通电导体在磁场中的受力方向、电流方向、磁场方向可利用该定则互判。

（2）判定安培力的方向，左手定则并不是唯一的。

（3）当 B 不垂直 I 时，让磁感线斜向穿入手心，其余手形不变。

（4）F、B、L 三个方向不在同一个平面内，要有空间想象力；无论 B 与 I 是否垂直，F 总是垂直于 B 与 I 所决定的平面。

实验 6-2　如图 6-10 所示，分别改变导线中的电流大小、磁场强度和导体长度，观察导体受力的大小有何变化。

结论　安培力的大小与导体中电流的大小、磁场强度和导体长度成正比，即

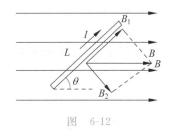

图　6-12

$$F = BIL$$

如果电流方向与磁场方向不垂直，而是有一个夹角 θ，这时磁场的有效强度为 $B\sin\theta$，如图 6-12 所示，即

$$F = BIL\sin\theta$$

从这个公式可以看出：当 $\theta = 90°$ 时，安培力最大；当 $\theta = 0°$ 时，安培力最小；当导体方向与磁场方向有一定夹角时，安培力介于最大值和最小值之间。

　知识拓展

磁带录音机主要由机内话筒、磁带、录放磁头、放大电路、扬声器、传动机构等部分组成，如图 6-13 所示。录音时，声音使话筒中产生随声音而变化的感应电流——音频电流。音频电流经放大电路放大后，进入录音磁头的线圈中，在磁头的缝隙处产生随音频电流变化的磁场。磁带紧贴着磁头缝隙移动，磁带上的磁粉层被磁化，在磁带上就记录下声音的磁信号。放音是录音的逆过程，放音时，磁带紧贴着放音磁头的缝隙通过，磁带上变化的磁场使放音磁头线圈中产生感应电流，感应电流的变化跟记录下的磁信号相同，所以线圈中产生的是音频电流，这个电流经放大电路放大后，送到扬声器，扬声器把音频电流还原成声音。

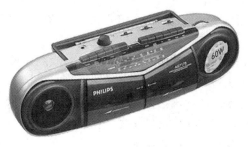

图 6-13　磁带录音机

任务6.2 探究电磁感应现象

任务目标

(1) 能掌握电磁感应现象并理解感应电动势的概念;
(2) 能掌握法拉第电磁感应定律的内容;
(3) 能运用右手定则和楞次定律判断感应电动势方向。

6.2.1 电磁感应现象

电能生磁,那么磁能生电吗?英国科学家法拉第经过十年坚持不懈地努力,终于取得重大突破,在1831年发现了利用磁场产生电流的条件和规律。这种由磁场产生电流的现象称为电磁感应现象。产生电磁感应现象的条件是什么呢?

实验6-3　如图6-14所示,让导体在磁场中做切割磁感线的往复运动,观察电流表指针的摆动情况,判断是否有电流产生。

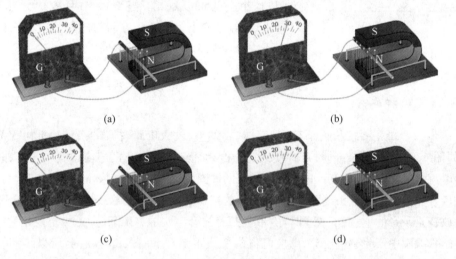

(a)　　　　　　　　　　　(b)

(c)　　　　　　　　　　　(d)

图6-14　导体切割磁感线实验

现象　当导体做切割磁感线运动时,电流表指针有偏转,偏转方向与导体的运动方向有关。

实验6-4　如图6-15所示,让磁铁的某一个磁极在线圈中做上下往复运动,观察电流表指针的摆动情况,判断线圈中是否有电流产生。

现象　磁铁静止,电流表指针不摆动;当磁铁做上下运动时,电流表指针有偏转,即产生电流。当磁铁运动方向改变时,指针偏转方向也随之改变。

通过前面两个实验,我们可以得到以下结论。

图 6-15　磁铁在线圈中上下运动实验

只有磁体和导体之间有相对运动时,才有电流产生;磁铁相对线圈静止时,没有电流产生。法拉第的这一发现进一步揭示了电与磁的内在联系,为建立完整的电磁理论奠定了坚实的基础。

当导体切割磁感线或线圈中磁通量发生变化而产生电动势的现象,称为电磁感应现象。由电磁感应产生的电动势称为感应电动势,由电磁感应产生的电流,叫感应电流。

6.2.2　感应电流的方向

感应电流的方向如何判定呢?我们一般用两种方法判断。

1. 右手定则

当导体在磁场中做切割磁感线运动时,可以用右手定则来判定感应电流的方向。伸开右手,使拇指与其余四指垂直,并且都与手掌在同一平面内,让磁感线垂直穿过掌心,拇指指向导体运动的方向,那么,四指所指的方向就是感应电流的方向,如图 6-16 所示。

2. 楞次定律

感应电流的方向,总是使感应电流的磁场阻碍引起感应电流的磁通量的变化,它是判断感应电流方向的普遍规律,这就是楞次定律。"阻碍"可以理解为:当磁铁插入线圈时,原磁通在增加,线圈产生的感应电流的磁场方向与原磁场方向相反;当磁铁拔出线圈时,原磁通在减少,线圈产生的感应电流的磁场方向与原磁场相同。即"增反减同"。应用楞次定律来判断感应电流方向的步骤。

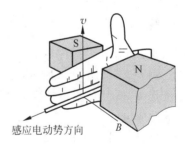

感应电动势方向

图 6-16　右手定则

(1)判断线圈中原磁场的方向。

(2)判断原磁通的变化(增加或减少)。

(3)判断感应电流产生的感应磁场的方向(增反减同)。

(4)运用右手螺旋定则判断感应电流的方向。

右手定则和楞次定律都可用来判断感应电流的方向,两种方法本质是相同的,所得的结果也是一致的。右手定则适用于判断导体切割磁感线的情况,而楞次定律是判断感应电流方向的普遍规律。

6.2.3 感应电动势的大小

感应电动势的大小与什么有关呢?

实验 6-5 如图 6-17 所示,将条形磁铁插入线圈,观察电流表指针的偏转情况。

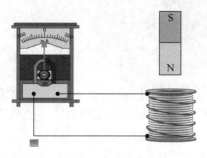

图 6-17 法拉第电磁感应定律
探究实验

问题 1 电流表指针偏转原因是什么?电流表指针偏转程度跟感应电动势的大小有什么关系?

问题 2 将条形磁铁从同一高度插入线圈中,快插入和慢插入有什么相同和不同?

法拉第通过大量实验,得出结论:线圈中感应电动势的大小与磁通量的变化速度(即变化率)成正比,这就是法拉第电磁感应定律。即

$$e = -\frac{\Delta \Phi}{\Delta t}$$

对于 N 匝线圈有

$$e = -N \frac{\Delta \Phi}{\Delta t} = -\frac{\Delta \Psi}{\Delta t}$$

式中:$\Delta \Phi$——线圈中磁通的变化量,单位是 Wb(韦伯);

　　　Δt——磁通变化 $\Delta \Phi$ 所需要的时间,单位是 s;

　　　"—"——感应磁场的方向总是阻碍原磁场的变化。

例 6-1 一个 100 匝的线圈,在 0.5s 内穿过它的磁通量从 0.01Wb 增加到 0.09Wb。求线圈中的感应电动势。

解　　$$e = -N \frac{\Delta \Phi}{\Delta t} = -100 \times \frac{0.09 - 0.01}{0.5} = -16(\text{V})$$

答:线圈中的感应电动势为 16V。

例 6-2 如图 6-18 所示,导体 ab 处于匀强磁场中,磁感应强度是 B,长为 L 的导体棒 ab 以速度 v 匀速切割磁感线,求产生的感应电动势。

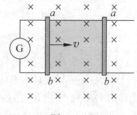

图 6-18

分析 回路在时间 Δt 内增大的面积为

$$\Delta S = Lv\Delta t$$

穿过回路的磁通量的变化为

$$\Delta \Phi = B\Delta S = BLv\Delta t$$

产生的感应电动势为

$$E = \frac{\Delta \Phi}{\Delta t} = \frac{BLv\Delta t}{\Delta t} = BLv$$

若导体运动方向跟磁感应强度方向有夹角(导体斜切磁感线),如图 6-19 所示。

图 6-19　导体斜切
磁感线

$$E = BLv_1 = BLv\sin\theta$$

式中：θ 为速度 v 与磁感线 B 的夹角。

由例 6-2 可以看出：当直导体切割磁感线产生电磁感应现象时，感应电动势的大小 $e = BLv\sin\theta$，该式是法拉第电磁感应定律的特殊形式。

知识拓展

话筒是把声音转变为电信号的装置，如图 6-20 所示，它是利用电磁感应现象制成的。当声波使金属膜片振动时，连接在膜片上的线圈(叫作音圈)随着一起振动，音圈在永久磁铁的磁场里振动，其中就产生感应电流(电信号)，感应电流的大小和方向都变化，变化的振幅和频率由声波决定，这个信号电流经扩音器放大后传给扬声器，从扬声器中就发出放大的声音。

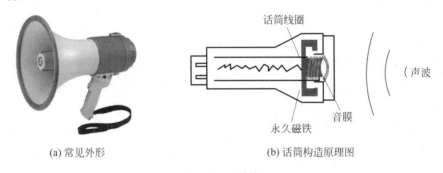

(a) 常见外形　　　　　　　(b) 话筒构造原理图

图 6-20　话筒

任务 6.3　探究磁路欧姆定律

任务目标

(1) 能理解磁路定义及其分类；
(2) 能掌握磁动势和磁阻的概念，并能区分磁路与电路；
(3) 能运用磁路欧姆定律进行相关的运算。

6.3.1　磁路

线圈通入电流后，产生磁通，分主磁通 Φ 和漏磁通 Φ_σ，如图 6-21 所示。

主磁通通过的路径称为磁路。磁路可以分为无分支磁路和有分支磁路，图 6-22(a)所示变压器的磁路为无分支磁路。由于磁感线是连续的，所以通过无分支磁路各处

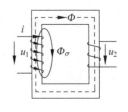

图 6-21　主磁通与漏磁通

横截面的磁通是相等的。图 6-22(b)所示直流电动机的磁路和图 6-22(c)所示交流接触器的磁路都是有分支磁路。

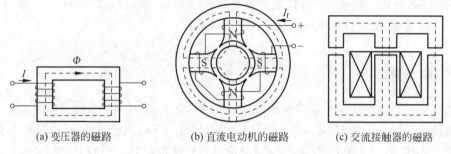

(a) 变压器的磁路　　　　　(b) 直流电动机的磁路　　　　　(c) 交流接触器的磁路

图 6-22　几种电气设备的磁路

6.3.2　磁路欧姆定律

1. 磁动势

通电线圈的匝数越多,电流越大,磁场越强,磁通也就越多。通过线圈的电流 I 和线圈匝数 N 的乘积称为磁动势,用 F_m 表示,单位为 A,即

$$F_m = NI$$

2. 磁阻

磁通通过磁路时所受到的阻碍作用称为磁阻,用符号 R_m 表示。其公式为

$$R_m = \frac{L}{\mu S}$$

式中:μ、L、S 的单位分别为 H/m、m、m²,磁阻 R_m 的单位为 1/H。

3. 磁路欧姆定律

通过磁路的磁通与磁动势成正比,而与磁阻成反比,即

$$\Phi = \frac{F_m}{R_m}$$

上式与电路的欧姆定律相似,故称磁路欧姆定律。式中的磁阻 R_m 是指整个磁路的磁阻,如果磁路中有空气隙,整个磁路的磁阻就会大大增加,所以必须增大励磁电流或增加线圈的匝数,即增加磁动势。

由于铁磁材料磁导率的非线性,磁阻 R_m 不是常数,所以磁路欧姆定律只能对磁路作定性分析。

6.3.3　磁路与电路的比较

磁路与电路形式非常相似,但又有许多不同之处,见表 6-3。在进行磁路分析与电路分析时要注意以下几个方面。

(1) 在处理电路时不涉及电场问题,在处理磁路时离不开磁场的概念。

(2) 在处理电路时一般可以不考虑漏电流,在处理磁路时一般都要考虑漏磁通。

（3）磁路欧姆定律和电路欧姆定律只是在形式上相似。由于 μ 不是常数,其随励磁电流而变,磁路欧姆定律不能直接用来计算,只能用于定性分析。

（4）在电路中,当 $E=0$ 时, $I=0$,但在磁路中,由于有剩磁,当 $F=0$ 时, Φ 不为零。

表 6-3　电路与磁路比较

电　　路		磁　　路	
电流	I	磁通	Φ
电阻	$r=\rho\dfrac{L}{S}$	磁阻	$R_{\mathrm{m}}=\dfrac{L}{\mu S}$
电阻率	ρ	磁导率	μ
电动势	E	磁动势	$F_{\mathrm{m}}=IN$
电路欧姆定律	$I=E/R$	磁路欧姆定律	$\Phi=F_{\mathrm{m}}/R_{\mathrm{m}}$

 知识拓展

磁悬浮列车是一种靠磁悬浮力（即磁的吸力和斥力）来推动的列车,如图 6-23 所示。由于磁铁有同性相斥和异性相吸两种形式,故磁悬浮列车也有两种相应的形式:一种是利用磁铁同性相斥原理而设计的电磁运行系统的磁悬浮列车,它利用车上超导体电磁铁形成的磁场与轨道上线圈形成的磁场之间产生的相斥力,使车体悬浮运行的铁路;另一种则是利用磁铁异性相吸原理而设计的电动力运行系统的磁悬浮列车,它是在车体底部及两侧倒转向上的顶部安装磁铁,在 T 形导轨的上方和伸臂部分下方分别设反作用板和感应钢板,控制电磁铁的电流,使电磁铁和导轨间保持 10～15mm 的间隙,并使导轨钢板的排斥力与车辆的重力平衡,从而使车体悬浮于车道的导轨面上运行。

图 6-23　磁悬浮列车

任务 6.4　认识自感与互感现象

任务目标

(1) 能理解自感与互感现象；
(2) 能掌握自感系数、互感系数、同名端的概念；
(3) 能正确判断和测定互感线圈的同名端。

6.4.1　自感现象

实验 6-6　EL1、EL2 是规格完全一样的灯泡,如图 6-24 所示。闭合开关 S,观察两灯的亮度变化情况,有什么现象？为什么？

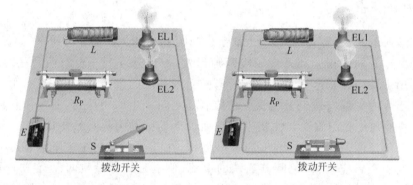

图 6-24　自感现象实验 1

分析　当开关 S 闭合后,通过线圈中的电流由零开始增大,由电磁感应定律可知,线圈中变化的电流必定要产生感应电动势,由楞次定律可知,产生的感应电动势又要阻碍线圈中电流的增加,使电流 I 不能很快地增大,故灯泡 EL1 要慢慢地变亮。

实验 6-7　灯泡 EL1 与电感线圈并联接在电源上,如图 6-25 所示,闭合开关,当灯亮后,断开开关 S,观察灯泡的亮度变化情况,有什么现象？为什么？

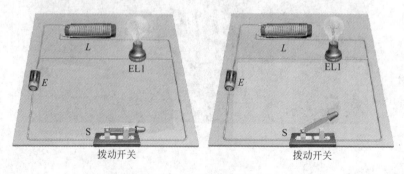

图 6-25　自感现象实验 2

　　分析　当开关 S 断开瞬间,通过线圈的电流突然减弱,因而线圈中产生感应电动势。虽然这时电源已经断开,但线圈和灯泡组成了闭合电路,所以在这个电路中有感应电流通过,灯泡不会立即熄灭,而是发出短暂的强光。

　　结论　上述两个实验现象都是由于线圈中自身电流的变化而引起的,这种由于通过线圈本身的电流发生变化而引起的电磁感应现象叫作自感现象。自感现象中产生的感应电动势,称为自感电动势。

$$e_L = -L \frac{\Delta i}{\Delta t}$$

公式中的符号表明自感电动势总是阻止电流的变化。

6.4.2　自感现象的应用和防止

　　应用:在各种电器设备、电工技术和无线电技术中应用广泛。如日光灯电子镇流器中,有电阻器、电容器、电感器件。

　　危害:在切断自感系数很大,电流很强的电路的瞬间,产生很高的自感电动势,形成电弧,在这类电路中应采用特制的开关,精密电感可采用双线绕法来清除自感现象。

　　如图 6-26 所示,由于两根平行导线中的电流方向相反,它们的磁场可以互相抵消,从而使自感现象的影响减弱到可以忽略的程度。

6.4.3　互感现象

　　实验 6-8　在开关 SA 闭合或断开瞬间以及改变 R_P 的阻值,观察电流计指针的变化情况,如图 6-27 所示。

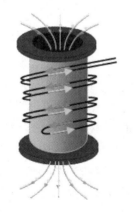

图 6-26　双线绕法消除自感现象

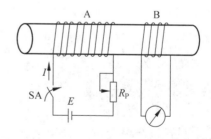

图 6-27　互感现象的实验

　　现象　当开关 SA 闭合或断开的瞬间,电流计的指针发生偏转,并且指针偏转的方向相反,说明电流方向相反。当开关闭合后,迅速改变 R_P 的阻值,电流计的指针也会左右偏转,而且阻值变化越快,电流计指针偏转的角度越大。

　　分析　实验表明,线圈 A 中的电流发生变化时,电流产生的磁场发生变化,通过线圈的磁通也要随之变化,其中必然有一部分磁通通过线圈 B,这部分磁通叫作互感磁通。互感磁通同样随着线圈 A 中电流的变化而变化,因此,线圈 B 中要产生感应电动势。同样,如果线圈 B 中的电流发生变化时,也会使线圈 A 中产生感应电动势。

　　我们把由一个线圈中的电流发生变化而在另一线圈中产生电磁感应的现象称为互感现象,简称互感。由互感产生的感应电动势称为互感电动势,用 e_M 表示。互感电动势的计算公式为

$$e_M = M \frac{\Delta I}{\Delta t}$$

式中:M 称为互感系数,简称互感,单位和自感一样,也是亨(H)。

6.4.4　互感线圈的同名端

　　同名端:当电流从同名端流入时,两线圈产生的磁通方向相同。如图 6-28(a)中 1、3 为同名端,图 6-28(b)中 1、4 为同名端。我们用"·"或"×"标注同名端,如图 6-29 所示。

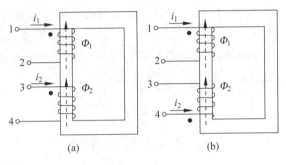
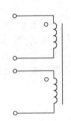

图 6-28　互感线圈同名端的判断　　　　图 6-29　同名端的标注方法

知识拓展

　　生活中我们经常看到一些运用自感现象制作的日光灯,如图 6-30 所示公交车上的日光灯。日光灯电路一般由启辉器、灯管、镇流器三部分组成,其中启辉器的作用相当于开关闭合时电源把电压加在启辉器两极间,使氖气放电发出辉光,辉光产生的热量使 U 形触片膨胀伸长接触静片而电路导通,于是镇流器中的线圈和灯管中的灯丝就有电流通过。电路接通后,启辉器中的氖气停止放电,U 形触片冷却收缩,电路断开,镇流器线圈因自感产生一个瞬时高压,这个高压与电源两端的电压一起加在灯管的两端,使水银蒸气开始放电导通,使日光灯发光。

图 6-30　公交车日光灯

项 目 小 结

（1）磁场是磁体周围存在的一种特殊物质,磁体通过磁场发生相互作用。磁场的大小和方向可用磁感线来描述。

（2）磁感线的疏密表示磁场的强弱,磁感线的切线方向表示磁场的方向。

（3）通电导线周围存在着磁场,说明电可以产生磁,由电产生磁的现象称为电流的磁效应。

（4）电流产生的磁场方向与电流的方向有关,可用安培定则,即右手螺旋定则来判断。

（5）磁感应强度 B 是描述磁场强弱和磁场方向的物理量。当通电直导线与磁场垂直时,通过观察导线受力可知导线所在处的磁感应强度 $B=\dfrac{F}{IL}$。

（6）磁通 $\varPhi=BS$,它是在匀强磁场中,穿过与磁感线垂直的某一截面的磁感线的条数。

（7）磁导率是描述媒介质导磁性能的物理量。某一媒介质的磁导率与真空磁导率之比叫这种介质的相对磁导率,即 $\mu_{\mathrm{r}}=\dfrac{\mu}{\mu_0}$。

（8）磁感应强度 B 与磁导率 μ 之比称为该点的磁场强度:$H=\dfrac{B}{\mu}$ 或 $H=\dfrac{IN}{L}$。

（9）磁场对放置于其中的直线电流有力的作用,其大小为 $F=BIL\sin\theta$,方向可用左手定则判断。

（10）磁通经过的闭合路径称为磁路。磁路中的磁通、磁动势和磁阻的关系,可用磁路欧姆定律来表示,即 $\varPhi=\dfrac{E_{\mathrm{m}}}{R_{\mathrm{m}}}$,其中 $R_{\mathrm{m}}=\dfrac{L}{\mu S}$。

（11）利用磁场产生电流的现象叫作电磁感应现象,电磁感应现象中产生的电流,叫感应电流。

（12）闭合回路中的一部分在磁场中做切割磁感线运动(磁通发生变化),回路中有感应电流。

（13）右手定则:磁感线垂直穿过右手手心,大拇指指向运动方向,四指所指方向就是感应电流方向。

（14）楞次定律:感应电流的方向,总是使感应电流的磁场阻碍引起感应电流的磁通量的变化,它是判断感应电流方向的普遍规律。

（15）感应电动势:$E=BLv\sin\theta(\theta$ 为 B、v 的夹角)。

（16）导体本身的电流发生变化而产生的电磁感应现象叫作自感现象,自感现象中产生的感应电动势叫作自感电动势。

（17）一个线圈中的电流发生变化而在另一线圈中产生电磁感应的现象称为互感现

象,互感产生的感应电动势称为互感电动势。

技能训练 7 探究电磁感应现象

一、实训目的

(1) 能正确分析电磁感应现象。
(2) 能掌握产生感应电流的条件。
(3) 能运用右手定则判断感应电流的方向。

二、实训要求

(1) 能正确连接实验电路。
(2) 能根据条形磁铁的移动方向,判别感应电流的方向。
(3) 能根据滑动变阻器滑动片滑动方向,判别感应电流的方向。

三、实训器材

电流表、原副线圈、蹄形磁铁、条形磁铁、滑动变阻器、导线若干、电池(电源)。

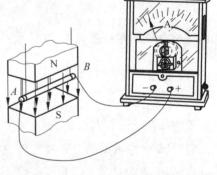

图 6-31 直导线运动

四、实训步骤

实训 1 直导线在磁场中:导体不动;导体向上或向下运动;导体向左或向右运动,如图 6-31 所示。

导体向上、向下运动,电流表_____。导体向左、向右运动,电流表_____。

根据直导线在磁场中:导体不动;导体向上、向下运动;导体向左或向右运动。填写表 6-4。

表 6-4 导体运动,电流表变化情况

导体运动	不动	向上	向下	向左	向右
电流表指针					

结论 _____电路中就有电流产生。

分析 导体的移动引起闭合电路面积的变化,从而引起磁通量的变化。

实训 2 条形磁铁插入(拔出)螺线管。

如图 6-32 所示,线圈不动,磁铁动,电流表_____。

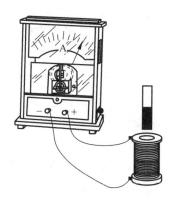

图 6-32　条形磁铁运动

观察条形磁铁插入(拔出)螺线管,电流表变化情况,填写表 6-5。

表 6-5　条形磁铁插入(拔出)时电流表变化

条形磁铁	插入螺线管	停在螺线管中	从螺线管拔出
电流表指针			

结论　无论是导体运动还是磁场运动,只要_____,闭合回路中就有电流产生。

分析　条形磁铁的插入(拔出)引起螺线管处磁感应强度发生变化,从而引起磁通量的变化。

实训 3　导体和磁场不发生相对运动,线圈电路接通、断开,滑动变阻器滑动片左、右滑动,如图 6-33 所示。

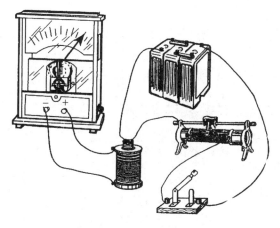

图 6-33　滑动变阻器运动

线圈电路接通、断开,电流表指针_____;滑动变阻器滑动片左、右滑动,电表流指针_____。

观察导体和磁场不发生相对运动,线圈电路接通、断开,滑动变阻器滑动片左、右滑动,填写表 6-6。

表 6-6　滑动变阻器改变阻值时电流表变化情况

线圈电路	接通	断开	变阻器向左	变阻器向右
电流表指针				

结论　除了闭合回路的部分导线切割磁感线外,线圈中的_____发生变化时,也能产生感应电流。所以,无论是导体做切割磁感线的运动,还是磁场发生变化,实质上都是引起穿过闭合电路的_____发生变化。

分析　滑动变阻器阻值的改变引起内线圈电路电流的改变,电流在外线圈处产生磁感应强度发生变化,从而引起外线圈中磁通量的变化。

任务测评

任务完成后填写任务考核评价表,见表 6-7。

表 6-7　考核评价表

任务名称	探究电磁感应现象		姓名				总分			
考核项目	考核内容	配分	评分标准				自评	互评	师评
			优	良	中	合格			
知识与技能(50分)	(1) 能掌握右手定则的内容	5	5	4	3	2			
	(2) 能掌握产生感应电流的条件	10	10	8	7	6			
	(3) 能正确连接实验电路	10	10	8	7	6			
	(4) 能正确分析电磁感应现象	10	10	8	7	6			
	(5) 能运用右手定则判断感应电流的方向	15	15	12	10	8			
过程与方法(20分)	(1) 能借助信息化资源进行信息收集,自主学习	5	5	4	3	2			
	(2) 能够在实训过程中发现问题并解决问题	5	5	4	3	2			
	(3) 工作实施计划合理,实训报告书填写完整	5	5	4	3	2			
	(4) 能与老师进行交流,提出关键问题,有效互动	5	5	4	3	2			
情感态度与价值观(30分)	(1) 能与同学良好沟通,小组协作	6	6	5	4	3			
	(2) 态度端正,认真参与,遵守管理规定及劳动纪律	6	6	5	4	3			
	(3) 安全操作,无损伤、损坏器材及设备,并提醒他人	6	6	5	4	3			
	(4) 按时完成任务,工作积极主动	6	6	5	4	3			
	(5) 实训结束台面整洁,工具摆放整齐	6	6	5	4	3			
总计		100							

达 标 检 测

1. 判断题

(1) 磁体有两个磁极,一个为 N 极,另一个为 S 极。 (   )

(2) 将磁体分断后,磁体将分成一个 N 极磁体和另一个 S 极磁体。 (   )

(3) 通电的线圈,在其周围一定存在磁场。 (   )

(4) 通电导体置于磁场中一定受到力的作用。 (   )

(5) 左手定则用于判定通电导体在磁场中受力的方向。 (   )

(6) 右手定则用于判定直导体作切割磁力线运动时所产生的感应电流方向。(   )

(7) 穿过线圈的磁通量发生急剧变化不可能产生感应电动势。 (   )

(8) 感应电流产生的磁通方向总是与原来的磁通方向相反。 (   )

(9) 导体在磁场中运动时,总是能够产生感应电动势。 (   )

(10) 线圈中只要有磁场存在,就必定会产生电磁感应现象。 (   )

2. 填空题

(1) 描述磁场的四个基本物理量是_____、_____、_____和_____;它们的文字符号分别是_____、_____、_____和_____。

(2) _____的疏密表示磁场的强弱,磁感线的_____方向表示磁场的方向。

(3) 楞次定律指出:由_____产生的磁场总是_____的变化。

(4) 当线圈中磁通要增加时,感应电流的磁场方向与原磁通方向_____;当线圈中磁通要减少时,感应电流的磁场方向与原磁通方向_____。

(5) 电流产生的磁场方向与电流的方向有关,可用安培定则,即_____定则来判断。

(6) _____是描述磁场强弱和磁场方向的物理量,_____是描述介质导磁性能的物理量。

(7) 导体本身的电流发生变化而产生的电磁感应现象叫作_____。

(8) 一个线圈中的电流发生变化而在另一线圈中产生电磁感应的现象称为_____,其产生的感应电动势称为_____。

(9) 如图 6-34 所示,长 10cm 的导线 ab,通有 3A 电流,电流方向为 a→b,将导线沿垂直磁感线方向放在一匀强磁场中,测得 ab 所受磁场力为 0.6N,则该区域的磁感应强度为_____,磁场对导线 ab 作用力的方向为_____。若导线 ab 中的电流为零,那么该区域的磁感应强度为_____。

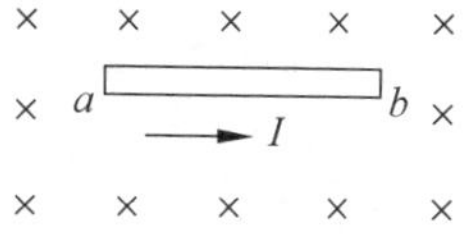

图 6-34

3. 选择题

(1) 把铁棒甲的一端靠近铁棒乙的中部,发现两者吸引,而把乙的一端靠近甲的中部时两者互不吸引,则(   )。

    A. 甲有磁性,乙无磁性   B. 甲无磁性,乙有磁性

    C. 甲和乙都有磁性   D. 甲和乙都没有磁性

(2) 关于磁感线,下列说法中正确的是(   )。

    A. 两条磁感线的空隙处一定不存在磁场

    B. 磁感线总是从 N 极到 S 极

    C. 磁感线上每一点的切线方向都跟该点的磁场方向一致

    D. 两个磁场叠加的区域,磁感线就可能相交

(3) 图 6-35 所示图中能产生感应电流的是(   )。

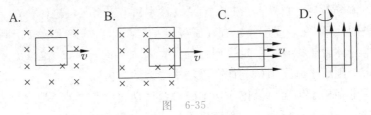

图 6-35

(4) 如图 6-36 所示,A、B 是两个用细线悬挂着的闭合铝环,当合上开关 S 的瞬时,将发生(   )。

    A. A 环向右运动,B 环向左运动

    B. A 环向左运动,B 环向右运动

    C. A 环、B 环都向右运动

    D. A 环、B 环都向左运动

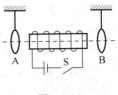

图 6-36

(5) 根据磁感应强度的定义式 $B=\dfrac{F}{IL}$,下列说法中正确的是(   )。

    A. 在磁场中某确定位置,B 与 F 成正比,与 I、L 的乘积成反比

    B. 一小段能通电直导线在空间某处受磁场力 $F=0$,那么该处的 B 一定为零

    C. 磁场中某处 B 的方向跟电流在该处受磁场力 F 的方向相同

    D. 一小段通电直导线放在 B 为零的位置,那么它受到磁场力 F 也一定为零

4. 综合题

(1) 一个匝数为 100、面积为 $10cm^2$ 的线圈垂直磁场放置,在 0.5s 内穿过它的磁场从 1T 增加到 9T,求线圈中的感应电动势。

(2) 如图 6-37 所示,有一匀强磁场 $B=1.0\times10^{-3}$T,在垂直磁场的平面内,有一金属棒 AO 绕平行于磁场的 O 轴顺时针转动,已知棒长 $L=0.20$m,角速度 $\omega=20$rad/s,求:金属棒产生的感应电动势是多少?

(3) 画出图 6-38 中导体所受安培力的方向。

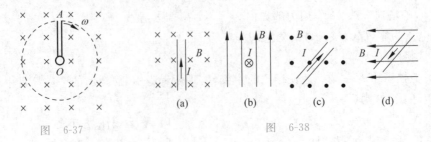

图 6-37   图 6-38

（4）如图6-39所示，当条形磁铁从圆柱形线圈中拔出时，请在线圈两端的括号内标出感应电压的极性（用"＋""－"号表示），并判断图中小磁针的偏转方向。

（5）如图6-40所示，在与水平方向成60°的光滑金属导轨间连一电源，在相距1m的平行导轨上放一重力为3N的金属棒ab，棒上通以3A的电流，磁场方向竖直向上，这时棒恰好静止。求：①匀强磁场的磁感应强度B；②ab棒对导轨的压力。

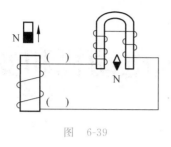

图　6-39

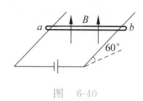

图　6-40

项目 7

认识电动机和变压器

 **知识目标**

(1) 能熟悉常见的电动机和变压器；
(2) 能掌握电动机和变压器的结构和分类；
(3) 能理解电动机和变压器的基本原理。

 **能力目标**

(1) 能计算三相异步电动机旋转磁场的转速；
(2) 能计算变压器的感应电动势和变压比；
(3) 能进行电动机、变压器的日常维护与故障诊断。

 **素养目标**

(1) 能养成严谨细致、一丝不苟、实事求是的科学态度和探索精神；
(2) 能形成严谨认真的工作态度，具备工作岗位的安全操作意识。

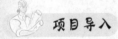 **项目导入**

随着科学技术的进步，人们对电气设备和电网设备有了更高的要求，对自动化设备和大容量电网的需求也越来越大。在自动化生产线中，广泛应用电动机进行驱动和控制，如

图 7-1 所示;而在大容量电网中,变压器则起到关键作用。在本项目中,我们一起学习电动机和变压器的相关知识,研究其原理,了解它们的使用与维护。

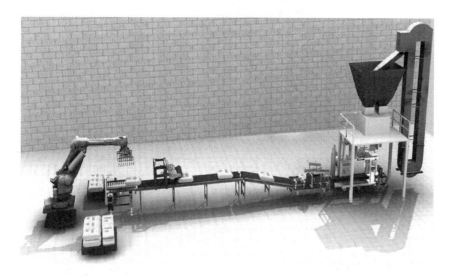

图 7-1 自动化包装生产线

任务 7.1 认识常见的电动机

 任务目标

(1) 能掌握电动机的作用及其分类;
(2) 能理解几种常见的电动机的结构及特点;
(3) 能按照不同的类别对电动机进行划分。

电动机是把电能转换成机械能的设备。在机械、冶金、石油、煤炭、化工、航空、交通以及国防、文教、医疗及日常生活中电动机都起到不可或缺的作用。电动机的类型很多,分类方法也多种多样。

7.1.1 电动机的分类

(1) 电动机按工作电源的种类划分,如图 7-2 所示。
(2) 电动机按结构和工作原理划分,如图 7-3 所示。
(3) 电动机按启动与运行方式划分,如图 7-4 所示。
(4) 电动机按转子的结构划分,如图 7-5 所示。

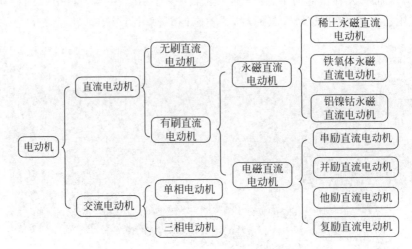

图 7-2 电动机按工作电源的种类划分

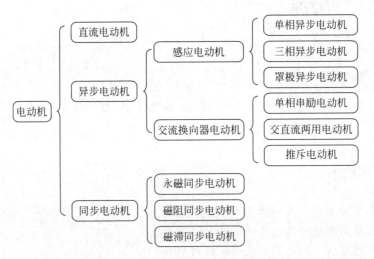

图 7-3 电动机按结构和工作原理划分

图 7-4 电动机按启动与运行方式划分　　　图 7-5 电动机按转子的结构划分

(5)电动机按用途划分,如图 7-6 所示。

(6)电动机按运行速度划分,如图 7-7 所示。

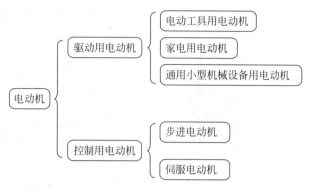

图 7-6　电动机按用途划分

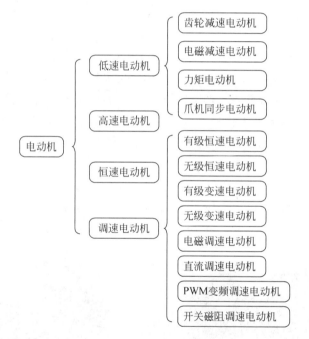

图 7-7　电动机按运行速度划分

7.1.2　几种常见的电动机

1. 直流电动机

直流电动机是将直流电能转换为机械能的电动机,因其良好的调速性能而在电力拖动中得到广泛应用。直流电动机按励磁方式可分为永磁、他励、自励三类,其中自励又分为并励、串励、复励三种,如图 7-8 所示。

2. 交流电动机

交流电动机是将交流电能转变为机械能的一种电动机。交流电动机主要由一个用以产生磁场的电磁铁绕组或分布的定子绕组和一个旋转电枢或转子组成,并且定子和转子采用同一电源,所以定子和转子中电流的方向总是同步的,如图 7-9 所示。

图 7-8　直流电动机

图 7-9　交流电动机

3. 三相电动机

三相电动机是指当电动机的三相定子绕组(各相差 120°电角度)通入三相交流电后,将产生一个旋转磁场,该旋转磁场切割转子绕组,从而在转子绕组中产生感应电流,载流的转子导体在定子旋转磁场的作用下将产生电磁力,从而在电动机转轴上形成电磁转矩,驱动电动机旋转,并且电动机旋转方向与旋转磁场方向相同,如图 7-10 所示。

4. 单相电动机

单相电动机一般是指用单相交流电源供电的小功率单相异步电动机。单相异步电动机通常在定子上有两相绕组。两相绕组在定子上的分布以及供电情况的不同,可以产生不同的启动特性和运行特性,如图 7-11 所示。

图 7-10　三相电动机

图 7-11　单相电动机

5. 步进电动机

步进电动机又称脉冲电动机,是数字控制系统中的一种重要的执行装置,它是将电脉冲信号变换成转角或转速的执行电动机,其角位移量与输入的电脉冲数成正比,其转速与电脉冲的频率成正比。在负载能力范围内,这些关系将不受电源电压、负载、温度、环境、湿度等因素的影响,还可在很宽的范围内实现调速、快速启动、制动和反转,如图 7-12 所示。

6. 伺服电动机

伺服电动机是指在伺服系统中控制机械元件运转的电动机,是一种辅助电动机间接变速的装置。伺服电动机可控制速度、位置精度,非常准确,可以将电压信号转化为转矩和转速以驱动控制对象。伺服电动机转子转速受输入信号控制,并能快速反应,在自动控制系统中,作为执行装置,且具有机电时间常数小、线性度高等特性,可把收到的电信号转换成电动机轴上的角位移或角速度输出。分为直流和交流伺服电动机两大类,其主要特点是:当信号电压为零时无自转现象,转速随着转矩的增加而匀速下降,并且由于定子和转子采用同一电源,所以定子和转子中电流的方向总是同步的,如图 7-13 所示。

图 7-12　步进电动机　　　　　　　　图 7-13　伺服电动机

 知识拓展

直线电动机是一种将电能直接转换成直线运动机械能,而不需要任何中间转换机构的传动装置,如图 7-14 所示。可将其看成是一台旋转电动机按径向剖开,并展成平面而成。其具有结构简单、定位精度高、反应速度快、灵敏度高、随动性好、工作安全可靠、寿命长等特点。直线电动机主要应用于三个方面:一是应用于自动控制系统,这类应用场合比较多;二是作为长期连续运行的驱动电动机;三是应用在需要短时间、短距离内提供巨大的直线运动能的装置中。

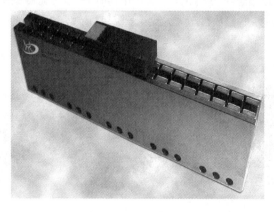

图 7-14　直线电动机

任务7.2 探究电动机的工作原理

任务目标

(1) 能熟悉三相异步电动机的基本结构;

(2) 能掌握三相异步电动机的工作原理;

(3) 能计算三相异步电动机旋转磁场的转速。

电动机的种类很多,但各类电动机的基本结构是类似的,它们都是由定子和转子这两大基本部分组成的。下面将以工业生产中应用最广泛的三相异步电动机为例介绍其工作原理。

7.2.1 三相异步电动机的结构

三相异步电动机由定子和转子两大基本部分构成,此外,还有端盖、轴承、接线盒、吊环等其他附件,如图7-15所示。

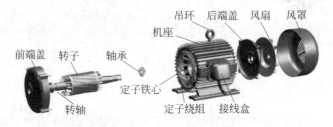

图7-15 三相异步电动机的基本结构

1. 定子部分

定子部分用来产生旋转磁场。三相电动机的定子一般由机座、定子铁心、定子绕组等组成。

(1) 机座。用于支撑整个电动机,一般采用铸铁或铸钢浇铸成形,如图7-16所示。

(2) 定子铁心。磁路的组成部分,嵌放定子绕组,由0.5mm硅钢片叠压而成,如图7-17所示。

图7-16 机座

图7-17 硅钢片和铁心

（3）定子绕组。用于产生旋转磁场。一般由绝缘铜线绕制而成，如图7-18所示。根据实际使用需要可以连接成星形和三角形，如图7-19所示。

图7-18 定子绕组

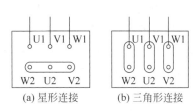

(a) 星形连接　　(b) 三角形连接

图7-19 星形连接和三角形连接

2. 转子部分

转子部分用于在旋转磁场作用下，产生感应电动势或电流，一般由转轴、转子铁心、转子绕组等组成。

（1）转轴。用于支撑转子铁心，传递机械功率，由低碳钢或合金钢制成，如图7-20所示。

（2）转子铁心。主磁路的组成部分，嵌放定子绕组，用0.5mm硅钢片叠压而成，如图7-21所示。

图7-20 转轴

(a)绕线式　　(b)笼型

图7-21 绕线式转子铁心和笼型转子铁心

（3）转子绕组。用于产生电磁转矩，分为笼型转子绕组和绕线型转子绕组，如图7-22所示。

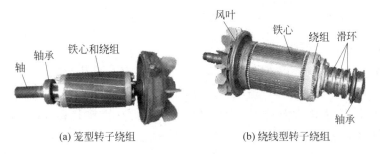

(a) 笼型转子绕组　　(b) 绕线型转子绕组

图7-22 转子绕组

7.2.2　三相异步电动机的工作原理

1. 旋转磁场的产生

如图 7-23 所示，U1U2、V1V2、W1W1 为三相定子绕组，在空间彼此相隔 120°，形成 Y 形。三相绕组的首端 U1、V1、W1 接在对称三相电源上，有对称三相交流电流通过三相绕组，就会产生在空间旋转的合成磁场。磁场的旋转方向与电流相序一致。电流相序为 U—V—W 时，磁场顺时针旋转；电流相序为 U—W—V 时，磁场逆时针旋转。

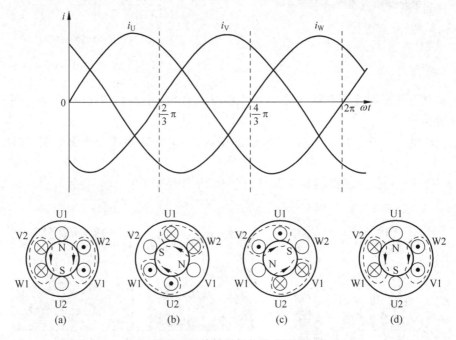

图 7-23　旋转磁场的形成过程

磁场转速与电流频率有关，改变电流频率可以改变磁场转速。对于两极（一对磁极）磁场，电流变化一周，则磁场旋转一周。旋转磁场的转速即同步转速 n_0 与磁场磁极对数 p 的关系为

$$n_0 = \frac{60f}{p}$$

2. 三相异步电动机的转动

静止的转子与旋转磁场之间有相对运动，在转子导体中产生感应电动势，并在形成闭合回路的转子导体中产生感应电流，其方向用右手定则判定。转子电流在旋转磁场中受到磁场力 F 的作用，F 的方向用左手定则判定。电磁力在转轴上形成电磁转矩。电磁转矩的方向与旋转磁场的方向一致。

电动机在正常运转时，其转速 n 总是稍低于同步转速 n_0，因而称为异步电动机。又因为产生电磁转矩的电流是电磁感应所产生的，所以也称为感应电动机。

异步电动机同步转速和转子转速的差值与同步转速之比称为转差率，用 s 表示，即

$$s = \frac{n_0 - n}{n_0} \times 100\%$$

转差率是异步电动机的一个重要参数。异步电动机在额定负载下运行时的转差率为 $1\% \sim 9\%$。

3. 三相异步电动机的启动

（1）直接启动

直接启动是利用闸刀开关或接触器将电动机直接接到额定电压上的启动方式，又叫全压启动。

优点：启动简单。

缺点：启动电流较大，将使线路电压下降影响负载正常工作。

适用范围：电动机容量在 10kW 以下，并且小于供电变压器容量的 20%。

（2）降压启动

① Y-△换接启动：在启动时将定子绕组连接成星形，通电后电动机运转，当转速升高到接近额定转速时再换接成三角形，如图 7-24 所示。

优点：启动电流为全压启动时的 1/3。

缺点：启动转矩为全压启动时的 1/3。

适用范围：正常运行时定子绕组是三角形连接，且每相绕组都有两个引出端子的电动机。

② 自耦降压启动：利用三相自耦变压器将电动机在启动过程中的端电压降低，以达到减小启动电流的目的，如图 7-25 所示。自耦变压器备有 40%、60%、80% 等多种抽头，使用时要根据电动机启动转矩的要求具体选择。绕线式异步电动机转子绕组串入附加电阻后，既可以降低启动电流，又可以增大启动转矩。

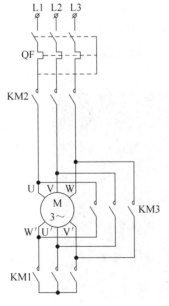

图 7-24 Y-△降压启动

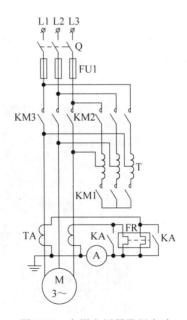

图 7-25 自耦变压器降压启动

知识拓展

同步电动机,和感应电动机一样,是一种常用的交流电动机,如图 7-26 所示。同步电动机的主要运行方式有三种,即作为发电机、电动机和补偿机运行。作为发电机运行是同步电动机最主要的运行方式,作为电动机运行是同步电动机的另一种重要的运行方式。近年来,小型同步电动机在变频调速系统中开始得到较多的应用,还可以接于电网作为同步补偿机。同步电动机的功率因数可以调节,在不要求调速的场合,应用大型同步电动机可以提高运行效率。

图 7-26　低速同步电动机

任务 7.3　认识常见的变压器

任务目标

(1) 能理解变压器的定义及实际应用;

(2) 能掌握常用的变压器分类和主要用途;

(3) 能够识别不同变压器的外形结构。

变压器是用来改变交流电压大小的供电设备,如图 7-27 所示。它根据电磁感应原理,把某一等级的交流电压变换成频率相同的另一等级的交流电压,以满足不同负载的需求。变压器的应用使人们能够方便地解决输电和用电问题,因此,变压器在电力系统中占有很重要的地位。

图 7-27　变压器

为了适应不同的使用目的和工作条件，变压器的种类很多，见表 7-1。

表 7-1 变压器常用的分类方法和主要用途

分 类	名 称	外 形 图	主 要 用 途
按相数分类	单相变压器		常用于单相交流电路中隔离、电压等级的变换、阻抗变换、相位变换或三相变压器组
	三相变压器		常用于输配电系统中变换电压和传输电能
按用途分类	电力变压器		
	仪用互感器		常用作电工测量与自动保护装置
	电炉变压器		常用于冶炼、加热及热处理设备电源

分 类	名 称	外 形 图	主 要 用 途
按用途分类	自耦变压器		常用于实验室或工业上调节电压
	电焊变压器		常用于焊接各类钢铁材料的交流电焊机上
按铁心结构形式分类	壳式铁心		常用作小型变压器、大电流的特殊变压器,如电炉变压器、电焊变压器;用作电子仪器及电视、收音机等的电源变压器
	芯式铁心		常用作大、中型变压器、高压的电力变压器
	C形铁心		常用作电子技术中的变压器

分　类	名　称	外　形　图	主　要　用　途
按冷却方式分类	油浸式变压器		常用作大、中型变压器
	风冷式变压器		强迫油循环风冷,用作大型变压器
	自冷式变压器		空气冷却,用作中、小型变压器
	干式变压器		用于安全防火要求较高的场合,如地铁、机场及高层建筑

变压器的分类方法还有很多。如电力变压器可分为升压、降压和配电变压器；根据工作特性可分为交流三绕组变压器、感应式移相器、变换阻抗器；按绕组可分为单绕组变压器、双绕组变压器、多绕组变压器。

知识拓展

电压互感器是一个带铁心的变压器，如图 7-28 所示。它主要由一、二次绕组铁心和绝缘组成。当在一次绕组上施加一个电压 U_1 时，在铁心中就产生一个磁通 Φ，根据电磁感应定律，则在二次绕组中就产生一个二次电压 U_2。改变一次或二次绕组的匝数，可以产生不同的一次电压与二次电压比，可组成不同比的电压互感器。

图 7-28　电压互感器

任务 7.4　探究变压器的工作原理

任务目标

(1) 能掌握变压器的基本结构；
(2) 能熟悉变压器的工作原理；
(3) 能计算变压器的感应电动势和变压比。

7.4.1　变压器的结构

根据用途不同，变压器的结构也有所不同，大功率电力变压器的结构比较复杂，而多数电力变压器是油浸式的。油浸式变压器由绕组和铁心组成器身，还需要油箱、绝缘套管、储油柜、冷却装置、压力释放阀、安全气道、温度计和气体继电器来解决散热、绝缘、密封、安全等问题，其结构如图 7-29 所示。

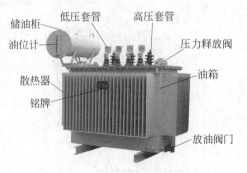

图 7-29　油浸式电力变压器

1. 变压器绕组

绕组是变压器输入和输出的电气回路,是变压器的基本部件,也是变压器检修的主要部件,它由铜、铝的圆、扁导线绕制,再配置各种绝缘件组成。变压器有一次绕组(与电源相连)和二次绕组(与负载相连)。绕组的主要作用是产生电动势,传送电流。其结构如图 7-30 所示。

2. 变压器铁心

铁心在电力变压器中是最重要的部件之一,它由高导磁的硅钢片叠积和钢夹件夹紧而成。它形成闭合磁路,变压器的一次绕组和二次绕组都绕在铁心上。铁心的主要作用是导磁,如图 7-31 所示。

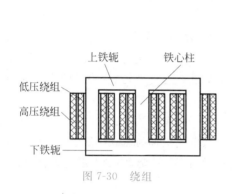

图 7-30　绕组

图 7-31　铁心

变压器铁心因绕组位置不同,分为芯式结构和壳式结构,如图 7-32 所示。芯式变压器的一次、二次绕组装在铁心的两个铁心柱上,结构简单。壳式变压器的铁心包围绕组的上下和侧面,制造复杂。

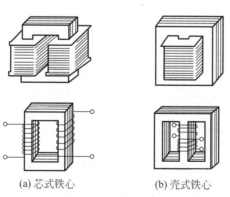

(a) 芯式铁心　　　(b) 壳式铁心

图 7-32　芯式和壳式铁心

7.4.2　变压器的工作原理

最简单的变压器是由一个闭合的铁心和绕在铁心上的两个匝数不等的绕组组成的。根据变压器的二次绕组是否连接负载,变压器的运行可分为空载运行和负载运行。

1. 变压器的空载运行

变压器的空载运行是指变压器一次绕组加额定电压,二次绕组开路的工作状态,如图 7-33 所示。由于变压器在实际运行中要考虑各种损耗,分析起来比较复杂,为了分析的简单、方便,把变压器设想为不计绕组电阻、铁心损耗、磁路中漏磁通的理想变压器。

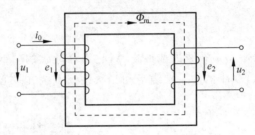

图 7-33 理想变压器的空载运行原理图

当一次绕组接上交流电压 u_1 时,在一次绕组中就会有交流电流 i_0 通过并在铁心中产生交变的磁通 Φ_m。这个交变磁通不仅通过一次绕组,也通过二次绕组,并在两绕组中分别产生感应电动势 e_1 和 e_2。此时,二次绕组没有接负载,二次绕组中也没有电流通过,但二次绕组有输出电压 u_2。

(1)空载电流 i_0。变压器空载运行时流过一次绕组的电流称为空载电流,理想变压器的空载电流主要产生于铁心中的磁通,所以空载电流也称为空载励磁电流,是无功电流。

(2)感应电动势。根据电磁感应定律可推导出变压器绕组上的感应电动势的计算公式:

$$E = 4.44 f N \Phi_m$$

该公式说明铁心中的主磁通的大小取决于电源电压、频率和一次绕组的匝数,而与磁路所用的材料和磁路的尺寸无关。当电源电压不变时,变压器磁路上磁通的幅值是不会变化的。

(3)变压比(变比)。一次绕组相电动势 E_1 与二次绕组相电动势 E_2 之比称为变压比 K,即

$$K = E_1 / E_2$$

因为 $E_1 = 4.44 f N_1 \Phi_m$,$E_2 = 4.44 f N_2 \Phi_m$,可得公式:

$$K = \frac{E_1}{E_2} = \frac{N_1}{N_2} = \frac{U_{01}}{U_{02}}$$

2. 变压器的负载运行

在变压器空载时,铁心中的磁通 Φ_m 仅由原绕组空载电流 I_0 产生,外加电压 $\dot{U}_1$ 与一次绕组的感应电动势 $\dot{E}_1$ 处于相对平衡的状态。但当二次绕组出现电流 $\dot{I}_2$ 时,情况就发生了变化,因为 $\dot{I}_2$ 也在铁心中产生磁通 Φ_2,由楞次定律可知,该磁通对主磁通 Φ_m 存在阻碍作用,使铁心中的磁通 Φ_m 发生改变的趋势,根据 $U_1 = E_1 = 4.44 f N_1 \Phi_m$,在电源电压一定时,磁通 Φ_m 要保持不变,因此,一次绕组电流将从 I_0 增加到 I_1,其增加的电流所产生的磁通补偿 Φ_2 对 Φ_m 的阻碍作用。所以,变压器负载运行时,铁心中的磁场是由一、二次绕组中的电流共同产生。

3. 阻抗变换

变压器一次侧接在交流电源上时,对电源来说变压器就相当于一个负载,其输入阻抗可用输入电压、输入电流来计算,即变压器的输入阻抗为 $Z_1 = U_1 / I_1$,而变压器的二次侧输出端又接了负载,变压器的输出电压、输出电流与负载之间存在 $Z_2 = U_2 / I_2$ 的关系。经过变压器把 Z_2 接到电源上和不要变压器直接把 Z_2 接到电源上,两者是完全不一样的,这里变压器起到改变阻抗的作用,把 Z_2 变成 Z_1 可以在 U_1 的电压下工作。

阻抗变换公式为

$$Z_1 = \frac{U_1}{I_1} = \frac{KU_2}{I_2/K} = K^2 \frac{U_2}{I_2} = K^2 Z_2$$

这说明负载 Z_2 经过变压器以后阻抗扩大为 K^2 倍。如果已知负载阻抗 Z_2 的大小,要把它变成另一个一定大小的阻抗 Z_1,只需接一个变压器,该变压器的变压比 $K = \sqrt{Z_1/Z_2}$。

在电子电路中,这种阻抗变换很常用,如扩音设备中扬声器的阻抗很小,直接接到功放的输出,则扬声器得到的功率很小,声音就很小。只有经过输出变压器把扬声器的阻抗变成和功放内阻一样大,扬声器才能得到最大输出功率,这也称为阻抗匹配。

 知识拓展

电流互感器由闭合的铁心和绕组组成,它把一次侧大电流转换成二次侧小电流,如图 7-34 所示。它的一次侧绕组匝数很少,串在需要测量电流的线路中,因此它经常有线路的全部电流流过。二次侧绕组匝数比较多,串接在测量仪表和保护回路中。电流互感器在工作时,它的二次侧回路始终是闭合的,因此测量仪表和保护回路串联线圈的阻抗很小,电流互感器的工作状态接近短路。

图 7-34　电流互感器

项 目 小 结

(1)电动机是把电能转换成机械能的设备。

(2)电动机可以按工作电源种类、结构和工作原理、启动与运行方式、转子的结构、用途、运行速度等多种方式进行分类。

(3)三相异步电动机由定子和转子两大基本部分构成。定子部分用来产生旋转磁场;转子部分用于在旋转磁场作用下产生感应电动势或电流。

(4)对称三相交流电流通过三相绕组,就会产生在空间旋转的合成磁场,旋转磁场的转速 $n_0 = \dfrac{60f}{p}$。

（5）转子与旋转磁场之间有相对运动,在转子导体中产生感应电流,感应电流在旋转磁场中受到电场力的作用,从而形成电磁转矩。

（6）转差率 s：异步电动机同步转速和转子转速的差值与同步转速之比 $s = \dfrac{n_0 - n}{n_0} \times 100\%$。

（7）变压器是通过电磁感应原理改变交流电压大小的供电设备。

（8）变压器可以按相数、用途、铁心结构形式、冷却方式等多种方式进行分类。

（9）变压器的空载电流是变压器空载运行时流过一次绕组的电流。

（10）变压器绕组上的感应电动势的计算公式：$E = 4.44 f N \Phi_m$。

（11）变压比 K：一次绕组相电动势 E_1 与二次绕组相电动势 E_2 之比 $K = \dfrac{E_1}{E_2} = \dfrac{N_1}{N_2} = \dfrac{U_{01}}{U_{02}}$。

（12）变压器负载运行时一次绕组电流从 I_0 增加到 I_1,其增加的电流产生的磁通补偿 Φ_2 对 Φ_m 的阻碍作用,铁心中的磁场是由一、二次绕组中的电流共同产生的。

技能训练 8　　检测与排除电动机故障

一、实训目的

（1）能熟悉中、小型三相异步电动机常见故障。

（2）能掌握中、小型三相异步电动机常见故障的原因。

（3）能根据故障现象进行电动机常见故障的排除。

二、实训要求

（1）能运用各种仪表对中、小型三相异步电动机进行检查和故障分析。

（2）能根据故障原因诊断故障发生的位置。

三、实训器材

（1）电工工具：验电笔、一字形和十字形螺钉旋具、钢丝钳、尖嘴钳、斜口钳、剥线钳、电工刀等。

（2）仪表：万用表、钳型电流表、兆欧表、转速表。

（3）三相异步电动机。

① 按实际情况将电动机安装在现场。

② 拆装、接线、调试的专用工具。

（4）其他：汽油、刷子、干布、绝缘黑色胶布、草稿纸、圆珠笔、劳保用品等,按需而定。

四、实训步骤

（1）观察三相异步电动机的故障现象。

（2）根据故障现象分析可能的故障原因。

（3）根据故障原因进行故障排除。具体故障现象、故障原因和检修方法见表7-2。

表 7-2　三相异步电动机常见故障及维修方法

故 障 现 象	可 能 原 因	维 修 方 法
接通电源后，电动机不能启动或有异常的声音	熔丝熔断	更换熔丝
	电源线或绕组断线	查处断路处
	开关或启动设备接触不良	恢复开关或启动设备
	定子和转子相擦	找出相擦的原因，校正转轴
	轴承损坏或有其他异物卡住	清洗、检查或更换轴承
	定子铁心或其他零件松动	将定子铁心或其他零件复位，重新焊牢或紧固
	负载过重或负载机械卡死	减轻拖动负载，检查负载机械和传动装置
	电源电压过低	调整电源电压
	机壳破裂	修补机壳或更换电动机
	绕组连线错误	检查首尾端，正确接线
	定子绕组断线或短路	检查绕组断路和接地处，重新接好
电动机的转速低、转矩小	将△形错接为 Y 形	重新接线
	笼型的转子端环、笼条断裂或脱焊	焊补修接断处或更换绕组
	定子绕组局部短路或断路	找出短路和断路处
电动机过热或冒烟	电动机电源过低或三相电压相差过大	查出电源电压不稳的原因
	负载过重	减轻负载或更换功率较大的电动机
	电动机断相运行	检查线路或绕组中断路或接触不良处，重新接好
	定子铁心硅钢片间绝缘损坏，使定子涡流增加	对铁心进行绝缘处理或适当增加每槽匝数
	转子和定子发生摩擦	校正转子铁心或轴，或更换轴承
	绕组受潮	将绕组烘干
	绕组短路或接地	修理或更换有故障的绕组
电动机轴承过热	装配不当使轴承受力	重新装配
	轴承内有异物或缺油	清洗轴承并注入新的润滑油
	轴承弯曲，使轴承受外应力或轴承损坏	矫正或更换轴承
	传送带过紧或联轴器装配不良	适当放松传动带，维修联轴器或更换轴承
	轴承标准不合格	选配标准合适的新轴承

五、注意事项

（1）检查电动机时，一般按先外后里、先机后电、先听后检的顺序。

（2）拆卸电动机前要保证所有的电源线已切断。

（3）外部如未发现异常，可进一步通电试验，将低电压通入电动机并逐步升高电压，当发现声音不正常、有异味或转不动时，应立即断电。

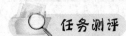 任务测评

任务完成后填写任务考核评价表，见表7-3。

表 7-3　考核评价表

任务名称	检测与排除电动机故障		姓名				总分			
考核项目	考核内容	配分	评分标准				自评	互评	师评
			优	良	中	合格			
知识与技能(50分)	（1）能掌握电动机的运行原理	5	5	4	3	2			
	（2）能熟悉电动机的常见故障	10	10	8	7	6			
	（3）能分析故障产生的原因	10	10	8	7	6			
	（4）能运用各种仪表进行故障诊断	10	10	8	7	6			
	（5）能根据故障现象进行故障排除	15	15	12	10	8			
过程与方法(20分)	（1）能借助信息化资源进行信息收集，自主学习	5	5	4	3	2			
	（2）能够在实操过程中发现问题并解决问题	5	5	4	3	2			
	（3）工作实施计划合理，任务书填写完整	5	5	4	3	2			
	（4）能与教师进行交流，提出关键问题，有效互动	5	5	4	3	2			
情感态度与价值观(30分)	（1）能与同学良好沟通，小组协作	6	6	5	4	3			
	（2）态度端正，认真参与，遵守管理规定及劳动纪律	6	6	5	4	3			
	（3）安全操作，无损伤、损坏元件及设备，并提醒他人	6	6	5	4	3			
	（4）按时完成任务，工作积极主动	6	6	5	4	3			
	（5）实训结束台面整洁，工具摆放整齐	6	6	5	4	3			
总　计		100							

技能训练 9 检测与维护变压器

一、实训目的

(1) 能掌握变压器的结构及特性。

(2) 能熟悉三相变压器绕组的接法。

(3) 能掌握三相变压器日常维护的步骤。

二、实训要求

(1) 能运用各种仪表对变压器进行正确检查。

(2) 能判别变压器的一次侧与二次侧。

三、实训器材

电工工具 1 套,变压器,电压表,电流表,功率表,绝缘鞋和劳保用品,导线。

四、实训步骤

变压器在运行过程中,往往会出现一些故障,如变压器声音不正常,发出"吱吱"或"噼啪"响声;变压器温度失常,并且不断上升;油色变化过甚,油内出现炭质;从安全气道、储油柜向外喷油,油箱及散热管变形、漏油、渗油等。所以要定期对其进行维护,具体如下:

(1) 在教师或值班人员指导下进一步认识变配电设备和各类仪表的作用。

(2) 在教师或值班人员指导下检查运行中的变压器。

(3) 抄录电压表、电流表、功率表的读数。

(4) 记录油面温度和室温。

(5) 检查各密封处有无漏油现象。

(6) 检查高低压瓷管是否清洁,有无破裂及放电现象。

(7) 检查导电排、电缆接头有无变色现象。有示温蜡片的,检查蜡片是否熔化。

(8) 检查防爆膜是否完好。

(9) 检查硅胶是否变色。

(10) 检查有无异常声响。

(11) 检查油箱接地是否完好。

(12) 检查消防设备是否完整,性能是否良好。

检查完成后将抄录下的有关数据填入检查记录表,见表7-4。

表 7-4　检查记录表

铭牌数据	型号		容量		
	电压		电流		
	接法		温升		
检查记录	高压侧	电压		输入功率	
		电流			
	低压侧	电压		电流	
		功率表读数		功率因数	
	油面温度		室温	温升	
	绝缘瓷管	是否清洁	有无破裂	有无放电痕迹	
	防爆膜	完好	导电排和电缆接头有无变色现象		
		不完整			
	硅胶	变色	有无异常声响	有无漏油	
		未变色			
	接地线	可靠	消防设备品种数量		
		不可靠			

任务测评

任务完成后填写任务考核评价表,见表 7-5。

表 7-5　考核评价表

任务名称	检测与维护变压器			姓名				总分		
考核项目	考核内容	配分	评分标准				自评	互评	师评	
			优	良	中	合格				
知识与技能(50分)	(1) 能掌握变压器的结构及特性	5	5	4	3	2				
	(2) 能熟悉三相变压器绕组的接法	10	10	8	7	6				
	(3) 能掌握三相变压器日常维护的步骤	10	10	8	7	6				
	(4) 能运用各种仪表对变压器进行正确检查	15	15	13	11	9				
	(5) 能判别变压器的一次侧与二次侧	10	10	8	7	6				
过程与方法(20分)	(1) 能借助信息化资源进行信息收集,自主学习	5	5	4	3	2				
	(2) 能够在实操过程中发现问题并解决问题	5	5	4	3	2				
	(3) 工作实施计划合理,任务书填写完整	5	5	4	3	2				
	(4) 能与教师进行交流,提出关键问题,有效互动	5	5	4	3	2				

续表

考核项目	考核内容	配分	评分标准				自评	互评	师评
			优	良	中	合格			
情感态度与价值观(30分)	(1) 能与同学良好沟通,小组协作	6	6	5	4	3			
	(2) 态度端正,认真参与,遵守管理规定及劳动纪律	6	6	5	4	3			
	(3) 安全操作,无损伤、损坏元件及设备,并提醒他人	6	6	5	4	3			
	(4) 按时完成任务,工作积极主动	6	6	5	4	3			
	(5) 实训结束台面整洁,工具摆放整齐	6	6	5	4	3			
总　计		100							

达 标 检 测

1. 判断题

(1) 电路中所需的各种直流电,可以通过变压器来获得。（　）

(2) 三相异步电动机的定子绕组是用来产生感应电流的。（　）

(3) 当变压器的二次侧电流增加时,由于二次绕组的去磁作用,变压器铁心中的主磁通将要减小。（　）

(4) 三相定子绕组在空间上互差120°电角度。（　）

(5) 伺服电动机又称脉冲电动机,是数字控制系统中的一种重要的执行装置,它是将电脉冲信号变换成转角或转速的执行电动机。（　）

(6) 三相异步电动机运行过程中,电磁转矩的方向与旋转磁场的方向一定是一致的。（　）

(7) 壳式铁心常用于大、中型变压器,高压的电力变压器。（　）

(8) 根据变压器的二次绕组是否连接负载,变压器的运行可分为空载运行和负载运行。（　）

2. 填空题

(1) 电动机按其功能可分为_____电动机和_____电动机。

(2) 变压器是一种能变换_____电压,而_____不变的静止电气设备。

(3) 变压器的铁心因线圈位置不同,可分为_____和_____两大类。

(4) 电动机的转动方向与_____的转动方向相同,它由通入三相定子绕组的交流电流的_____决定。

(5) 电动机定子铁心是_____的组成部分,用于嵌放定子绕组,由_____叠压而成。

(6) 变压器的空载运行是指变压器一次绕组加_____,二次绕组_____的工作状态。

3. 选择题

(1) ( )可使控制速度,位置精度非常准确,可以将电压信号转化为转矩和转速以驱动控制对象。

　　A. 步进电动机　　　　B. 伺服电动机　　　C. 永磁电动机　　　D. 直线电动机

(2) 在三相异步电动机中,用于产生旋转磁场的结构是( )。

　　A. 定子绕组　　　　　B. 定子铁心　　　　C. 转子绕组　　　　D. 转子铁心

(3) 在工频电源下,一个6极的三相异步电动机的同步转速是( )r/min。

　　A. 3000　　　　　　　B. 1500　　　　　　C. 1000　　　　　　D. 750

(4) ( )常用于电工测量与自动保护装置。

　　A. 电力变压器　　　　B. 仪用互感器　　　C. 电炉变压器　　　D. 电焊变压器

4. 综合题

(1) 什么是理想变压器?

(2) 简述三相异步电动机的原理。

(3) 一次绕组为660匝的单相变压器,当一次侧绕组为220V时,要求二次侧电压为127V,则该变压器的二次绕组应为多少匝?

(4) 一台四极三相异步电动机,其转差率 $s_N = 0.03$,那么它的额定转速是多少?

项目

认识单相正弦交流电路

 知识目标

(1) 能理解正弦交流电的周期、频率、角频率等基本概念；
(2) 能熟悉纯电容、纯电感、纯电阻交流电路的相关知识；
(3) 能掌握谐振电路的分类及谐振条件。

 能力目标

(1) 能进行正弦交流电三要素的表示及相关计算；
(2) 能进行 RLC 电路的电流、电压、功率的相关计算；
(3) 能判别串联谐振电路和并联谐振电路，并进行相关参数的计算。

 素养目标

(1) 能养成严谨细致、一丝不苟、实事求是的科学态度和探索精神；
(2) 能形成严谨认真的工作态度，具备工作岗位的安全操作意识。

 **项目导入**

实际中，发电厂生产和输送的都是正弦交流电，如图 8-1 所示。在强电方面，电能的生产、输送和分配采用的几乎都是正弦交流电；在弱电方面也常用正弦信号作为信号源。

交流电之所以有极为广泛的应用,是因为它具有许多优点。交流电可利用变压器很方便地变换电压的大小,从而实现远距离输电和向用户提供各种不同等级的电压;正弦量变化平滑,在正常情况下不会引起过电压而破坏电气设备的绝缘。因此,在现代工农业生产和日常生活中,正弦交流电得到了广泛的应用。接下来我们一起学习正弦交流电路的相关知识。

图 8-1　发电厂

任务 8.1　认识正弦交流电

 任务目标

(1) 能理解正弦交流电的周期、频率、角频率等基本概念;
(2) 能掌握正弦交流电的三要素及表示方法;
(3) 能进行正弦交流电的相关计算。

8.1.1　正弦交流电的产生

当闭合矩形线圈在匀强磁场中,绕垂直于磁感线的轴线做匀速转动时,闭合线圈中就有交流电产生,即感应电流,并且感应电流的强度和方向都在随时间作周期性变化,如图 8-2 所示。

8.1.2　正弦交流电的基本概念

大小和方向均随时间变化的电压或电流称为交流电。如图 8-3 所示为常见的交流电波形,大小和方向均随时间按正弦规律变化的电压或电流称为正弦交流电。正弦交流电的电动势、电压、电流统称为正弦量。

1. 周期、频率、角频率

(1) 周期。交流电按正弦规律变化,每完成一个循环所需要的时间叫作周期,用符号

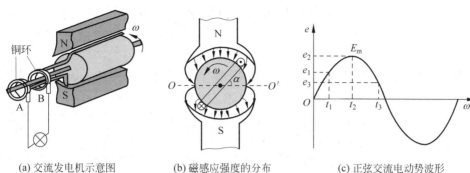

(a) 交流发电机示意图　　(b) 磁感应强度的分布　　(c) 正弦交流电动势波形

图 8-2　正弦交流电的产生

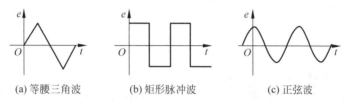

(a) 等腰三角波　　(b) 矩形脉冲波　　(c) 正弦波

图 8-3　常见的交流电波形

T 表示,单位是秒(s),如图 8-4 所示。常用的单位还有 ms(毫秒)、μs(微秒)和 ns(纳秒)。其中,$1s=10^3ms$,$1ms=10^3\mu s$,$1\mu s=10^3ns$。

（2）频率。正弦交流电在 1s 内完成周期性变化的次数称为交流电的频率,用符号 f 表示,单位是赫兹(Hz)。

由周期和频率的定义可知,二者互为倒数,即

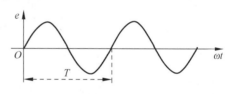

图 8-4　正弦交流电的周期

$$f=\frac{1}{T}, \quad T=\frac{1}{f}$$

在我国的电力系统中,国家规定动力和照明用电的标准频率为 50Hz,习惯上称为工频,其周期是 0.02s。在其他电气领域中,则采用各种不同的频率。

（3）角频率。正弦交流电在单位时间内变化的弧度(或角度)数称为角频率,用符号 ω 表示,单位是弧度/秒(rad/s)。

正弦交流电在一个周期内变化了 2π 弧度,即 $360°$,角频率为

$$\omega=2\pi f=\frac{2\pi}{T}$$

周期、频率和角频率三者是从不同的角度反映同一个问题:交流电随时间变化的快慢程度。角频率与角速度是两个不同的概念,角速度是机械上的空间的旋转角速度,而角频率泛指任何随时间作正弦变化的频率 f 与 2π 的乘积。

2. 瞬时值、最大值、有效值

（1）**瞬时值**。交流电随时间按正弦规律变化,对应各个时刻的数值称为瞬时值,即正

弦交流电在某一瞬间的大小。瞬时值是用正弦解析式表示的,即

$$u = U_m \sin(\omega t + \psi_u)$$
$$i = I_m \sin(\omega t + \psi_i)$$

瞬时值是变量,注意要用小写英文字母表示,电动势、电压和电流的瞬时值分别写为 e、u、i。

(2) 最大值。正弦交流电变化时出现的最大瞬时值叫作最大值或峰值,如图 8-5 所示。电动势、电压和电流的最大值分别写为 E_m、U_m、I_m。

(3) 有效值。有效值是根据交流电的热效应定义的。一交流电流 i 和一直流电流 I 分别通过同一电阻 R,如果在相同的时间内产生的热量相等,则此直流电的数值为该交流电的有效值,如图 8-6 所示。交流电动势、电压和电流的有效值分别用大写字母 E、U、I 表示。有效值可确切地反映正弦交流电的大小。

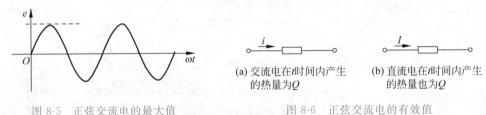

图 8-5　正弦交流电的最大值　　图 8-6　正弦交流电的有效值

理论和实践都可以证明,正弦交流电的有效值和最大值之间具有特定的数量关系,即

$$U = \frac{U_m}{\sqrt{2}} = 0.707 U_m, \quad I = \frac{I_m}{\sqrt{2}} = 0.707 I_m$$

3. 相位、初相位、相位差

(1) 相位。在公式 $i = \sqrt{2} I \sin(\omega t + \varphi)$ 中,$\omega t + \varphi$ 表示在任意时刻线圈平面与中性面之间的夹角,称为相位角,也称相位或相角,它反映了交流电变化的进程。当相位角随时间作连续变化时,正弦量的瞬时值也随之作相应变化。

(2) 初相位。正弦交流电在 $t=0$ 时的相位叫作初相位,也称"初相角"或"初相",用符号 φ 表示,其单位可用弧度(rad)或度(°)表示。

初相反映了交流电开始变化的起点,与时间起点的选择有关,确定了正弦量计时开始的位置,初相规定不得超过 ±180°。

在图 8-7(a)中正弦量与纵轴相交处若在正半周,初相为正。图 8-7(b)中正弦量与纵轴相交处若在负半周,初相为负。

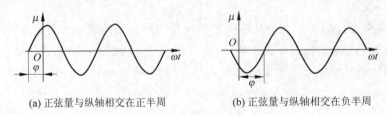

(a) 正弦量与纵轴相交在正半周　　(b) 正弦量与纵轴相交在负半周

图 8-7　正弦交流电的有效值

（3）相位差。两个同频率正弦量的相位之差称为相位差。

习惯上,初相通常用小于 180°的角度表示:凡大于 180°的正角都用化成小于 180°的负角来表示,而大于 180°的负角就用化成小于 180°的正角来表示。如 270°可化成−90°表示,而−270°可化成 90°表示。

例如,若 $u=U_{\mathrm{m}}\sin(\omega t+\varphi_{\mathrm{u}})$,$i=I_{\mathrm{m}}\sin(\omega t+\varphi_{\mathrm{i}})$,那么 u 与 i 的相位差为

$$\varphi=(\omega t+\varphi_{\mathrm{u}})-(\omega t+\varphi_{\mathrm{i}})$$
$$=\omega t+\varphi_{\mathrm{u}}-\omega t-\varphi_{\mathrm{i}}$$
$$=\varphi_{\mathrm{u}}-\varphi_{\mathrm{i}}$$

显然,两个同频率正弦量之间的相位之差,实际上等于它们的初相之差。相位差反映了同频率正弦量变化的先后。

同相:相位相同,相位差为零。反相:相位相反,相位差为 180°,如图 8-8 所示。

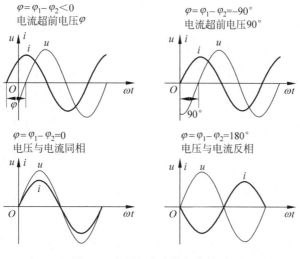

图 8-8 电压与电流的相位关系

8.1.3 正弦交流电的三要素

通常把最大值、角频率和初相位称为正弦交流电的三要素,如图 8-9 所示。若已知正弦交流电的三要素即可画出正弦量的波形图,写出它的三角函数表达式,还可以利用三要素区别两个不同的正弦量。

最大值:反映了正弦交流电的变化范围。

角频率:反映了正弦交流电变化的快慢。

初相:反映了正弦交流电的起始状态。

三角函数表达式:$i=I_{\mathrm{m}}\sin(\omega t+\varphi)$。

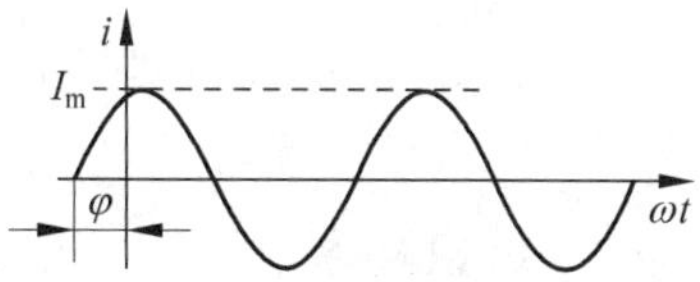

图 8-9 正弦量三要素

8.1.4 正弦交流电的表示方法

正弦量有三种表示方法:波形图、解析式表示法、相量法。

1. 波形图

用正弦曲线表示正弦交流电随时间变化关系的方法称为波形图表示法,如图 8-10 所示。

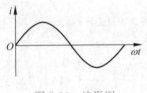

图 8-10　波形图

2. 解析式表示法

利用正弦函数表达式表示正弦交流电的方法称为解析式表示法,解析式也称瞬时值表达式。如

$$e = E_m \sin(\omega t + \varphi)$$

或

$$u = 3\sqrt{2}\sin(314\omega t + 30°)$$

例 8-1　作出 $u = \sin\left(\omega t + \dfrac{\pi}{2}\right)$ 的波形图。

解　令 $\omega t + \dfrac{\pi}{2} = 0$,则 $\omega t = \dfrac{\pi}{2}$,$u = 0\text{V}$。

令 $\omega t + \dfrac{\pi}{2} = \dfrac{\pi}{2}$,则 $\omega t = 0$,$u = 1\text{V}$。

令 $\omega t + \dfrac{\pi}{2} = \pi$,则 $\omega t = \dfrac{\pi}{2}$,$u = 0\text{V}$。

令 $\omega t + \dfrac{\pi}{2} = \dfrac{3\pi}{2}$,则 $\omega t = \pi$,$u = -1\text{V}$。

令 $\omega t + \dfrac{\pi}{2} = 2\pi$,则 $\omega t = \dfrac{\pi}{2}$,$u = 0\text{V}$。

描出图线如图 8-11 所示。

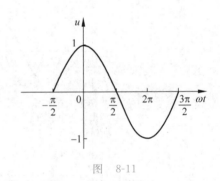

图　8-11

3. 相量法

相量法是将正弦量用一条有向线段表示,该线段的长度等于正弦量的有效值,该线段与横轴正方向的夹角等于正弦量的初相位,相量的符号为有效值符号上加一圆点。

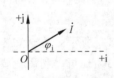

图 8-12　相量图

如正弦量 $i = I_m\sin(\omega t + \varphi_i)$ 用相量图表示,如图 8-12 所示。几个同频率的正弦量可以画在同一相量图中,这些相量之间的小于 180° 的夹角则为它们的相位差。一般取正直角坐标轴的水平方向为参考方向,逆时针转动的角度为正,反之为负。正弦量用相量法表示后,同频率正弦量的运算可以转化为相量的运算。

　知识拓展

发电机是指能将机械能或其他可再生能源转变成电能的发电设备,如图 8-13 所示。一般常见的发电机组通常有以下几种:汽轮机、水轮机或内燃机(汽油机、柴油机等发电机)等。目前柴油发电机的市场最大,主要是由于柴油发电机组的容量较大,可并机运行且持续供电时间长,还可独立运行,不与地区电网并列运行,不受电网故障的影响,可靠性较高。尤其是某些地区常用市电不是很可靠的情况下,把柴油发电机作为备用电源,既能起到应急电源的作用,又能通过低压系统的合理优化,保证比较重要的负荷在停电时仍可使用,因此在工程中得到广泛的使用。

图 8-13　交流发电机

任务8.2　认识单一参数交流电路

任务目标

(1) 能理解纯电容、纯电感、纯电阻交流电路的概念;
(2) 能掌握单一元件电路电流、电压、功率的关系;
(3) 能进行单一元件电路电流、电压、功率的相关计算。

8.2.1　纯电阻交流电路

1. 电流与电压的关系

(1) 如图 8-14 所示,纯电阻交流电路中,电阻中通过的电流也是一个与电压同频率的正弦交流电流,且与加在电阻两端的电压同相位。

(2) 在纯电阻交流电路中,电流与电压的瞬时值、最大值、有效值都符合欧姆定律。

2. 功率

在任一瞬间,电阻中电流瞬时值与同一瞬间电阻两端电压的瞬时值的乘积称为电阻获取的瞬时功率,用 p_R 表示,即

$$p_R = u\,i = \frac{U_m^2}{R} = U_m I_m \sin^2 \omega t$$

电阻是一种耗能元件。用电阻在交流电一个周期内消耗的功率的平均值来表示功率的大小,称为平均功率,平均功率又称有功功率,用 P 表示,单位是瓦特(W)。

$$P = UI = I^2 R = \frac{U^2}{R}$$

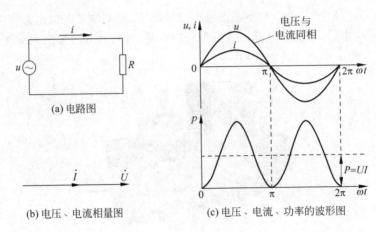

(a) 电路图

(b) 电压、电流相量图　　　　(c) 电压、电流、功率的波形图

图 8-14　纯电阻电路

例 8-2　已知某白炽灯的额定参数为 220V/100W,其两端所加电压为 $u = 220\sqrt{2}\sin(314t)$(V),试求:

(1) 交流电的频率。

(2) 白炽灯的工作电阻。

(3) 白炽灯的有功功率。

解　(1) 交流电的频率:$f = \dfrac{\omega}{2\pi} = \dfrac{314}{2 \times 3.14} = 50$(Hz)。

(2) 白炽灯的工作电阻:$R = \dfrac{U^2}{P} = \dfrac{220^2}{100} = 484$(Ω)。

(3) 白炽灯的有功功率:$P = \dfrac{U^2}{R} = \dfrac{220^2}{484} = 100$(W)。

8.2.2　纯电感电路

1. 电流与电压的关系

(1) 如图 8-15 所示纯电感电路中,电压比电流超前 $90°$,即电流比电压滞后 $90°$。

(2) 在纯电感电路中,电流与电压的有效值之间符合欧姆定律,即

$$I = \frac{U}{X_L}$$

2. 功率

纯电感电路瞬时功率在一个周期内吸收的能量与释放的能量相等,也就是说纯电感电路不消耗能量,它是一种储能元件,电路的平均功率为零。

不同的电感与电源转换能量的多少也不同,通常用瞬时功率的最大值来反映电感与电源之间转换能量的规模,称为无功功率,用 Q_L 表示,单位是乏(Var)。其计算式为

$$Q_L = U_L I = I^2 X_L = \frac{U_L^2}{X_L}$$

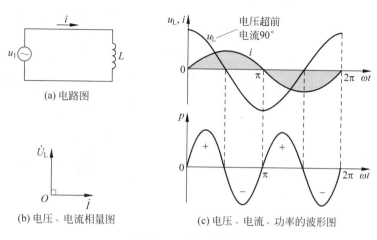

(a) 电路图

(b) 电压、电流相量图

(c) 电压、电流、功率的波形图

图 8-15　纯电感电路

例 8-3　已知一个电感线圈,电感 $L = 0.5\text{H}$,电阻可略去不计,接在 220V 的电源上,试求:

(1) 该电感的感抗 X_L。

(2) 电路中的电流 I 及其与电压的相位差 φ。

(3) 电感占用的无功功率 Q_L。

解　(1) 感抗为

$$X_L = 2\pi f L = 2\pi \times 50 \times 0.5 = 157(\Omega)$$

(2) 电流为

$$I = \frac{U}{X_L} = \frac{220}{157} = 1.4(\text{A})$$

选电压相量为参考相量,即设电压的初相位为零,则电流 i 的初相位为 $-90°$,即电流比电压滞后 $90°$。

(3) 无功功率为

$$Q_L = I^2 X_L = 1.4^2 \times 157 = 308(\text{var}) \quad 或 \quad Q_L = UI = 220 \times 1.4 = 308(\text{var})$$

8.2.3　纯电容电路

1. 电流与电压的关系

(1) 图 8-16 所示纯电容交流电路中,电压比电流滞后 $90°$,即电流比电压超前 $90°$。

(2) 电流与电压的有效值之间符合欧姆定律,即

$$I = \frac{U}{X_C}$$

2. 功率

根据纯电容电路功率曲线图可知,电容也是一种储能元件,纯电容交流电路的平均功率为零,其无功功率为

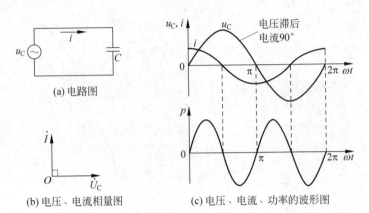

(a) 电路图

(b) 电压、电流相量图   (c) 电压、电流、功率的波形图

图 8-16 纯电容电路

$$Q_C = UI = I^2 X_C = \frac{U^2}{X_C}$$

例 8-4 容量是 $40\mu F$ 的电容接在 $u = 220\sqrt{2}\sin\left(314t - \frac{\pi}{6}\right)$ 电源上,试求:

(1) 电容的容抗。

(2) 电流的有效值。

(3) 电流的瞬时值表达式。

(4) 电路的无功功率。

解 (1) 电容的容抗为

$$X_C = \frac{1}{2\pi f C} = \frac{1}{314 \times 40 \times 10^{-6}} \approx 80(\Omega)$$

(2) 电流的有效值为

$$I = \frac{U}{X_C} = \frac{220}{80} = 2.75(A)$$

(3) 电流的瞬时值表达式为

$$i = 2.75\sqrt{2}\sin\left(314t + \frac{\pi}{3}\right)(A)$$

(4) 电路的无功功率为

$$Q_C = UI = 220 \times 2.75 = 605(\text{var})$$

 知识拓展

    示波器是利用电子示波管的特性,将人眼无法直接观测的交变电信号转换成图像,显示在荧光屏上以便测量的电子测量仪器,如图 8-17 所示。示波器由示波管和电源系统、同步系统、X 轴偏转系统、Y 轴偏转系统、延迟扫描系统、标准信号源组成,它是观察数字电路实验现象、分析实验中的问题、测量实验结果必不可少的重要仪器。

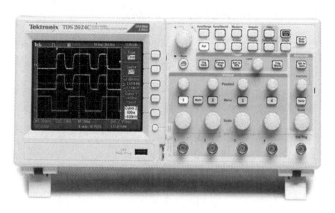

图 8-17 示波器

任务 8.3 探究 RLC 串联电路

 任务目标

（1）能掌握 RLC 串联电路中的电压关系和阻抗关系；
（2）能理解 RLC 串联电路中阻抗的性质；
（3）能进行 RLC 串联电路的相关计算。

8.3.1 RLC 电路

RLC 电路是由电阻、电容和电感组成的电路，按照电路的连接方式分成两种，即 RLC 串联电路和 RLC 并联电路，如图 8-18 所示。

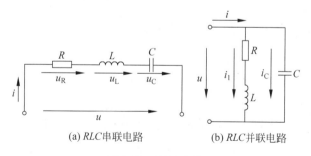

(a) RLC 串联电路　　　　(b) RLC 并联电路

图 8-18 RLC 电路

在交流电路中，电阻值和频率无关，RLC 串联电路的电流与电阻电压同相位；电容具有"通高频、阻低频"的特性；电感具有"通低频，阻高频"的特性。RLC 串联电路具有特殊的幅频特性和相频特性，有选频和滤波作用。

8.3.2 *RLC* 串联电路中的阻抗和电压

由电阻、电感、电容相串联构成的电路叫作 *RLC* 串联电路,如图 8-19 所示。

1. 电压与电流

设电路中电流 $i = I_m \sin\omega t$,则根据 R、L、C 的基本特性可得各元件的两端电压:

$$u_R = RI_m \sin\omega t$$

$$u_L = X_L I_m \sin(\omega t + 90°)$$

$$u_C = X_C I_m \sin(\omega t - 90°)$$

根据基尔霍夫电压定律(KVL),在任一时刻总电压 u 的瞬时值为

$$u = u_L + u_C + u_R$$

作出相量图,如图 8-19 所示,并得到各电压之间的大小关系为

$$U = \sqrt{U_R^2 + (U_L - U_C)^2}$$

2. 阻抗

由于 $U_R = RI$,$U_L = X_L I$,$U_C = X_C I$,可得:

$$U = I\sqrt{R^2 + (X_L - X_C)^2} = I\sqrt{R^2 + X^2} = IZ$$

式中：$X = X_L - X_C$ 称为电抗,$Z = \sqrt{R^2 + X^2}$ 称为串联电路阻抗,单位都是 Ω,如图 8-20 所示。其中 φ 称为阻抗角,它就是总电压与电流的相位差,即

$$\varphi = \arctan\frac{U_L - U_C}{U_R} = \arctan\frac{X_L - X_C}{R}$$

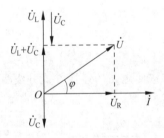

图 8-19　*RLC* 串联电路电压相量图

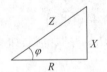

图 8-20　串联电路的阻抗三角形

3. 功率

(1) 有功功率

在 *RLC* 串联电路中,只有电阻是消耗功率的,*RLC* 串联电路中的有功功率即 R 上消耗的功率。

$$P = U_R I = UI\cos\varphi$$

(2) 无功功率

由于电感和电容两端的电压在任何时刻都是反相的,两者的瞬时功率符号也相反。当电感吸收能量时,电容放出能量;当电容吸收能量时,电感放出能量;电路的无功功率为电感和电容上的无功功率之差。

$$Q = Q_L - Q_C = (U_L - U_C)I$$
$$Q = UI\sin\varphi$$

（3）视在功率

电压与电流有效值的乘积定义为视在功率，用 S 表示，单位为伏安（VA），其中 $S = UI$。视在功率并不代表电路中消耗的功率，它常用于表示电源设备的容量。视在功率 S 与有功功率 P 和无功功率 Q 的关系为

$$S = \sqrt{P^2 + Q^2}, \quad P = UI\cos\varphi, \quad Q = UI\sin\varphi$$

式中：$\cos\varphi = \dfrac{P}{Q}$，称为功率因数，如图 8-21 所示。在每一瞬间，电源提供的功率一部分被耗能元件消耗掉，一部分与储能元件进行能量交换。

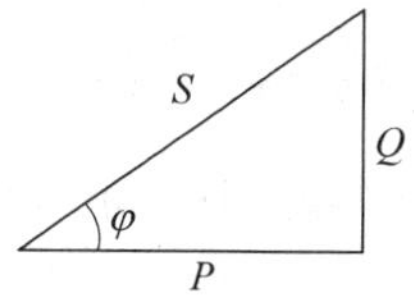

图 8-21 RLC 串联电路功率三角形

8.3.3 RLC 串联电路的性质

1. 感性电路

当 $X > 0$ 时，即 $X_L > X_C$，$\varphi > 0$，电压 u 比电流 i 超前 φ，称电路呈感性，如图 8-22 所示。

2. 容性电路

当 $X < 0$ 时，即 $X_L < X_C$，$\varphi < 0$，电压 u 比电流 i 滞后 $|\varphi|$，称电路呈容性，如图 8-23 所示。

3. 谐振电路

当 $X = 0$ 时，即 $X_L = X_C$，$\varphi = 0$，电压 u 与电流 i 同相，称电路呈电阻性，电路状态称为谐振状态，如图 8-24 所示。

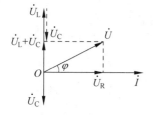

图 8-22 感性电路电压、电流的关系

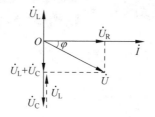

图 8-23 容性电路电压、电流关系

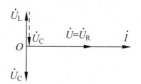

图 8-24 阻性电路电压、电流的关系

例 8-5 在 RLC 串联电路中，交流电源电压 $U = 220\text{V}$，频率 $f = 50\text{Hz}$，$R = 30\Omega$，$L = 445\text{mH}$，$C = 32\mu\text{F}$。试求：

（1）电路中的电流大小 I。

（2）各元件上的电压 U_R、U_L、U_C。

（3）总电压与电流的相位差 φ。

解 (1) $X_L = 2\pi fL \approx 140(\Omega)$，$X_C = \dfrac{1}{2\pi fC} \approx 100(\Omega)$。

则 $Z = \sqrt{R^2 + (X_L - X_C)^2} = 50(\Omega)$，$I = \dfrac{U}{Z} = 4.4(A)$。

(2) $U_R = RI = 132(V)$，$U_L = X_L I = 616(V)$，$U_C = X_C I = 440(V)$。

(3) $\varphi = \arctan\dfrac{X_L - X_C}{R} = \arctan\dfrac{40}{30} = 53.1°$。

即总电压比电流超前 53.1°，电路呈感性。

知识拓展

图 8-25 所示为串联谐振耐压试验仪，串联谐振升压装置采用多级叠加的方式，多台电抗器可并联、串联使用，分压器既用来测量试验电压，也可以作为小电容量试品的补偿电容，使得谐振频率可以在 30～300 Hz 范围内完成多种电力设备(如电缆、变压器、GIS开关、SF6 开关、电动机、发电机、母线、套管、互感器等)的交流耐压试验。它广泛运用于电力、冶金、石油、化工等行业，适用于大容量、高电压的电容性试品，如发电机、变压器、GIS、高压交联电缆、互感器、套管等的交接试验和预防性试验。

图 8-25　串联谐振耐压试验仪

任务 8.4　探究谐振电路

任务目标

(1) 掌握谐振电路的分类及谐振条件；

(2) 熟悉串联谐振电路和并联谐振电路的特点；

(3) 能进行谐振频率、谐振阻抗、品质因数的计算。

8.4.1 谐振电路

谐振是正弦电路在特定条件下所产生的一种特殊物理现象,谐振现象在无线电和电工技术中得到广泛应用,对电路中谐振现象的研究有重要的实际意义。

含有 R、L、C 的一端口电路,在特定条件下出现端口电压、电流同相位的现象时,称电路发生了谐振。谐振电路可分为串联谐振电路和并联谐振电路。

8.4.2 串联谐振电路

1. 串联谐振条件

如图 8-26 所示电路中,回路在外加电压 $u_s = U_{sm}\sin\omega t$ 作用下,电路中的复阻抗为

$$Z = R + j\omega X = R + j\left(\omega L - \frac{1}{\omega C}\right)$$

当改变电源频率,或者改变 L、C 的值时都会使回路中电流达到最大值,使电抗 $\omega L - \frac{1}{\omega C} = 0$,电路呈电阻性,此时我们就说电路发生谐振。由于是 R、L、C 元件串联,所以又叫串联谐振。

(1) 串联谐振条件:$\omega L - \frac{1}{\omega C} = 0$。

(2) 谐振角频率:$\omega_0 = \dfrac{1}{\sqrt{LC}}$。

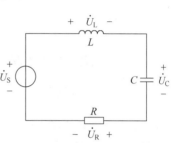

图 8-26 串联谐振电路

(3) 谐振频率:$f_0 = \dfrac{1}{2\pi\sqrt{LC}}$。

可以看出,串联电路的谐振角频率(或频率)是由电路本身的参数 L 和 C 决定的,与电阻和外加激励电压无关。f_0 为电路本身的固有频率,只有当外加电压源激励的频率与电路中的固有频率相等时,电路才会发生谐振。

2. 串联电路实现谐振方法

(1) L、C 不变,改变 ω_0。

ω_0 由电路本身的参数决定,一个 RLC 串联电路只能有一个对应的 ω_0,当外加频率等于谐振频率时,电路发生谐振。

(2) 电源频率不变,改变 L 或 C(常改变 C)。

3. RLC 串联电路谐振特点

(1) $\dot{U}$ 与 $\dot{I}$ 同相位,输入端阻抗 Z 为纯电阻,即 $Z = R$,电路中阻抗值 Z 最小。可据此判断电路是否发生了串联谐振。电流 I 达到最大值 $I_0 = U/R$(U 一定)。若输入电压有效值 U 保持不变,则改变输入频率使电路发生串联谐振时,电流 I 达到最大值。

(2) LC 上的电压大小相等,相位相反,串联总电压为零,也称电压谐振,即 $\dot{U}_L + \dot{U}_C = 0$,$LC$ 相当于短路,如图 8-27 所示。电源电压全部加在电阻上,$\dot{U}_R = \dot{U}$。当 $Q \gg 1$ 时,有

图 8-27　谐振时相量图

$U_{L0}=U_{C0}\gg U_S$，表明在谐振或接近谐振时，会在电感和电容两端出现大大高于外施电压 U_S 的高电压，这称为过电压现象。这种现象在无线电和电子工程中极为有用，但在电力工程中却极为有害。所以对于串联谐振要根据不同情况加以利用或者力求避免。谐振时电感和电容两端的等效阻抗为零，相当于短路。

4. 谐振阻抗、特性阻抗与品质因数

（1）谐振阻抗 Z_0：谐振时的输入阻抗。

（2）特性阻抗 ρ：谐振时 $X=0$，$Z_0=R$，其中 Z_0 为纯电阻，值最小。谐振时的感抗 X_{L0} 和容抗 X_{C0} 称为电路的特性阻抗 ρ。

$$\rho=X_{L0}=\omega_0 L=\frac{1}{\sqrt{LC}}L=\sqrt{\frac{L}{C}}$$

$$\rho=X_{C0}=\frac{1}{\omega_0 C}=\frac{\sqrt{LC}}{C}=\sqrt{\frac{L}{C}}$$

（3）品质因数 Q：特性阻抗 ρ 与电阻 R 的比值。Q 的大小反映谐振电路的性能。

$$Q=\frac{\rho}{R}=\frac{\omega_0 L}{R}=\frac{1}{CR}=\frac{1}{R}\sqrt{\frac{L}{C}}$$

Q 是反映谐振回路中电磁振荡程度的量，品质因数越大，总的能量就越大，维持一定量的振荡所消耗的能量越小，振荡程度就越剧烈，振荡电路的"品质"越好。一般讲在要求发生谐振的回路中总希望尽可能提高 Q 值。

8.4.3　并联谐振电路

1. 并联谐振条件

当端口电压与输入的端口电流同相时，称电路发生了谐振。由于发生在并联电路中，所以称为并联谐振，如图 8-28 所示。

$$Y=G+\mathrm{j}\left(\omega C-\frac{1}{L}\right)=G+\mathrm{j}(B_C+B_L)=G+\mathrm{j}B$$

谐振条件：$B=0$，即 $B_C=B_L$ 或 $\omega_0 C=\dfrac{1}{\omega_0 L}$。

其中：$\omega_0=\dfrac{1}{\sqrt{LC}}$，$f_0=\dfrac{1}{2\pi\sqrt{LC}}$，$f_0$ 为固有频率。

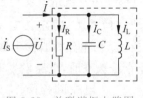

图 8-28　并联谐振电路图

2. 并联谐振电路的特点

（1）电路导纳最小，且为电阻性。

（2）I_S 保持不变，则端电压为最大，且与电流同相。$U_0=I_S/G$。

（3）电感与电容中的电流有效值相等且为电流源电流的 Q 倍。

$$P_Q=\frac{U^2}{R}$$

$$Q_L = \frac{U^2}{\omega_0 L}$$

$$Q_C = -\omega_0 C U^2$$

电路品质因数 $Q = \dfrac{无功功率}{有功功率} = \dfrac{U^2/\omega_0 L}{U^2/R} = \dfrac{R}{\omega_0 L} = \omega_0 CR$

$$Q_{并} = \frac{1}{LG\omega_0} = \frac{\omega_0 C}{G} = \frac{1}{G}\sqrt{\frac{C}{L}}$$

若 $Q \gg 1$，则谐振时在电感和电容中会出现过电流，但从 L、C 两端看进去的等效导纳等于零，即等效阻抗为无限大，相当于开路。

（4）谐振时两支路可能产生过电流并联谐振也称为电流谐振，如图 8-29 所示。

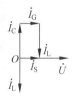

图 8-29　并联谐振相量图

3. 提高功率因数的方法

功率因数是高压供电线路的运行指标之一，它反映了电源设备的容量利用率。功率因数可以用功率因数表测量，如图 8-30 所示。

提高功率因数的方法。

（1）提高用电设备自身的功率因数。

（2）并接电容器补偿，如图 8-31 所示。

图 8-30　功率因数表

图 8-31　低压配电柜中的电容器组

 知识拓展

串联谐振仪采用调节电源的频率的方式使得电抗器与被试电容器实现谐振，在被试品上获得高电压大电流，如图 8-32 所示。串联谐振仪使用专用的 SPWM 数字式波形发生芯片，频率分辨率 16 位，在 20～300Hz 时频率细度可达 0.1Hz；采用正交非同步固定式载波调制方式,确保在整个频率区间内输出波形良好;功率部分采用先进的 IPM 模块,在最小重量下确保仪器稳定和安全。它是当前高电压试验的新潮流,在国内外已经得到广泛应用。

图 8-32　调频串联谐振仪

项 目 小 结

（1）大小和方向均随时间变化的电压或电流称为交流电。

（2）交流电按正弦规律变化,每完成一个循环所需要的时间叫作周期 T。

（3）正弦交流电在 1s 内完成周期性变化的次数称为交流电的频率 f。

（4）正弦交流电在单位时间内变化的弧度（或角度）数称为角频率 ω。

（5）交流电随时间按正弦规律变化,对应各个时刻的数值称为瞬时值,即正弦交流电在某一瞬间的大小。

（6）正弦交流电变化时出现的最大瞬时值叫作最大值或峰值。电动势、电压和电流的最大值分别写为 E_m、U_m、I_m。

（7）有效值是根据交流电的热效应定义的。一交流电流 i 和一直流电流 I 分别通过同一电阻 R,如果在相同的时间内产生的热量相等,则此直流电的数值为该交流电的有效值。

（8）两个同频率正弦量的相位之差称为相位差。

（9）最大值、角频率和初相位称为正弦交流电的三要素。

（10）正弦量有三种表示方法：波形图、解析式表示法、相量法。

（11）在纯电容交流电路中,电压比电流滞后 90°,即电流比电压超前 90°。电流与电压的有效值之间符合欧姆定律,即 $I = \dfrac{U}{X_C}$。

（12）在纯电感电路中,电流与电压的有效值之间符合欧姆定律,即 $I = \dfrac{U}{X_L}$。

（13）纯电阻交流电路中，电阻中通过的电流也是一个与电压同频率的正弦交流电流，且与加在电阻两端的电压同相位。

（14）RLC 电路按照电路的连接方式分成 RLC 串联电路和 RLC 并联电路。

（15）由电阻、电感、电容串联构成的电路叫作 RLC 串联电路，电路的阻抗为 $Z=\sqrt{R^2+X^2}$。

（16）RLC 串联电路中，当 $X>0$ 时，即 $X_L>X_C$，$\varphi>0$，电压 u 比电流 i 超前 φ，称电路呈感性；当 $X<0$ 时，即 $X_L<X_C$，$\varphi<0$，电压 u 比电流 i 滞后 $|\varphi|$，称电路呈容性；当 $X=0$ 时，即 $X_L=X_C$，$\varphi=0$，电压 u 与电流 i 同相，称电路呈电阻性，电路状态称为谐振状态。

（17）串联谐振条件：$\omega L-\dfrac{1}{\omega C}=0$；角频率：$\omega_0=\dfrac{1}{\sqrt{LC}}$；谐振频率：$f_0=\dfrac{1}{2\pi\sqrt{LC}}$。

（18）并联谐振条件 $B=0$ 即 $B_C=B_L$ 或 $\omega_0 C=\dfrac{1}{\omega_0 L}$。

技能训练 10　安装与测试日光灯电路

一、实训目的

（1）能掌握日光灯电路的组成及工作原理。
（2）能熟悉日光灯控制线路电气原理图。
（3）能熟练进行日光灯电路接线及通电测试。

二、实训要求

（1）能运用万用表、电流表进行规范检测。
（2）能根据故障现象进行故障的诊断与排除。
（3）能在技能训练过程中严格遵守安全操作规程。

三、实训器材

1. 工具与仪表

安装与测试日光灯电路的工具与仪表见表 8-1。

表 8-1　工具与仪表

工具	测电笔、螺丝刀、尖嘴钳、斜口钳、剥线钳等常用电工工具
仪表	数字式万用表、交流电压表、交流电流表

2. 元件与材料

安装与测试日光灯电路的元件与材料见表 8-2。

表 8-2　元件与材料

名　称	规　格	数　量
日光灯灯具	220V/8W	1 组

四、实训步骤

1. 准备灯架

根据日光灯灯管长度的要求,购置或制作与之配套的灯架,安装示意图如图 8-33 所示。

2. 组装灯架

将镇流器、启辉器座、灯脚等按电路图进行连线。接线完毕,要对照电路图详细检查,以免接错、接漏。

3. 固定灯架

固定灯架的方式有吸顶式和悬吊式两种。安装前先在设计的固定点打孔预埋合适的紧固件,然后将灯架固定在紧固件上。最后把启辉器旋入底座,把日光灯管装入灯座,开关等按白炽灯的安装方法进行接线。检查无误后,即可进行通电试用。

4. 安装镇流器

用螺丝把镇流器固定在灯架上。

5. 安装灯座

通过卡销或螺丝固定灯座。

6. 安装启辉器座

通过卡销或螺丝固定启辉器座。

7. 连接导线

用螺丝或卡销连接导线。

8. 检查连接是否正确

日光灯接线示意图如图 8-33 所示。

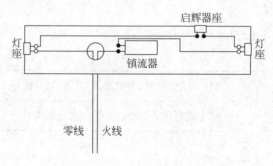

图 8-33　日光灯接线示意图

9. 故障检修

（1）灯管出现的故障

灯不亮而且灯管两端发黑，用万用表的电阻挡测量一下灯丝是否断开。

（2）镇流器故障

一种是镇流器线匝间短路，其电感减小，致使感抗 X_L 减小，使电流过大而烧毁灯丝（发现此类情况及时剪去其引线，以免再次使用，造成损失）；另一种是镇流器断路使电路不通灯管不亮。

（3）启辉器故障

日光灯接通电源后，只见灯管两头发亮，而中间不亮，这是由于启辉器两电极碰粘在一起分不开或启辉器内电容被击穿（短路），需更换启辉器。

五、注意事项

（1）在灯具安装过程中，首先应检验各零部件和紧固件的质量，以减少无效劳动。

（2）吊式日光灯灯具内一般不设电源开关，引出电源线时留心做好记号。

（3）导线与灯座接线柱连接前，先"穿"线，再留导线余量，可避免不必要的浪费。

任务测评

任务完成后填写任务考核评价表，见表8-3。

表 8-3　考核评价表

任务名称	安装与测试日光灯电路		姓名				总分		
考核项目	考核内容	配分	评分标准				自评	互评	师评
			优	良	中	合格			
知识与技能（50分）	（1）能掌握日光灯电路的组成	5	5	4	3	2			
	（2）能熟悉日光灯控制线路电气原理图	10	10	8	7	6			
	（3）能正确使用电工工具和仪表进行元器件检测	10	10	8	7	6			
	（4）能进行日光灯电路正确组装及通电测试	15	15	12	10	8			
	（5）能根据故障现象进行故障诊断与排除	10	10	8	7	6			
过程与方法（20分）	（1）能借助信息化资源进行信息收集，自主学习	5	5	4	3	2			
	（2）能够在实操过程中发现问题并解决问题	5	5	4	3	2			
	（3）工作实施计划合理，任务书填写完整	5	5	4	3	2			
	（4）能与老师进行交流，提出关键问题，有效互动	5	5	4	3	2			

续表

考核项目	考核内容	配分	评分标准				自评	互评	师评
			优	良	中	合格			
情感态度与价值观(30分)	(1) 能与同学良好沟通,小组协作	6	6	5	4	3			
	(2) 态度端正,认真参与,遵守管理规定及劳动纪律	6	6	5	4	3			
	(3) 安全操作,无损伤、损坏元件及设备,并提醒他人	6	6	5	4	3			
	(4) 按时完成任务,工作积极主动	6	6	5	4	3			
	(5) 实训结束台面整洁,工具摆放整齐	6	6	5	4	3			
总　计		100							

技能训练 11　安装照明电路配电板

一、实训目的

(1) 能掌握单控白炽灯电路的组成及工作原理。
(2) 能熟悉照明控制线路电气原理图。
(3) 能熟练进行单控白炽灯电路接线及通电测试。

二、实训要求

(1) 能运用万用表、电流表进行规范检测。
(2) 能根据故障现象进行故障的诊断与排除。
(3) 能在技能训练过程中严格遵守安全操作规程。

三、实训器材

1. 工具与仪表

安装照明电路配电板的工具与仪表见表 8-4。

表 8-4　工具与仪表

工具	测电笔、螺丝刀、尖嘴钳、斜口钳、剥线钳等常用电工工具
仪表	数字式万用表、交流电压表、交流电流表

2. 元件与材料

安装照明电路配电板的元件与材料见表 8-5。

表 8-5　元件与材料

名　称	规　格	数　量
白炽灯	220V/8W	1组
单联开关		1只
导线		若干
配电板		1块
断路器	带漏电保护器	1只

四、实训步骤

1. 定位画线

根据单控白炽灯照明线路安装图画出走线路径和各元件位置。根据布置图确定电源、开关、灯座的位置,用笔做好记号,实际安装时开关盒离地面高度应为1.3m,与门框的距离一般为150～200mm,如图 8-34 所示。

 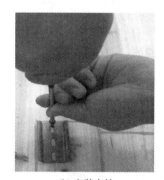 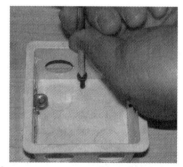

(a) 确定位置　　　(b) 安装卡轨　　　(c) 固定接线盒

图 8-34　灯座的安装

2. 护套线的配线

(1) 确定导线根数。

图 8-35 所示为白炽灯配线, ⧸⧸ 表示此处需要两根线,BVV 2×1.5 表示选用截面积为 1.5mm² 铜心聚氯乙烯绝缘两芯护套线,BVV 表示聚氯乙烯铜心绝缘护套线,2 表示两芯,1.5 表示导线的截面积。

(2) 敷设护套线。

3. 安装连接元件

(1) 安装连接开关。

(2) 安装并连接灯座。

(3) 安装并连接漏电保护断路器。

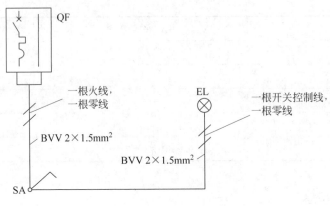

图 8-35　白炽灯配线

注意:

(1) 开关必须串联在火线上,不应串接在零线回路上,这样当开关处于断开位置时,灯头及电气设备上不带电,以保证检修的安全。

(2) 导线去除绝缘层不能太长,安装后接线桩处不要漏铜。

(3) 螺口平灯座有两个接线桩,来自开关的受控火线必须连接到中心舌簧片的接线桩上,零线连接到螺纹圈接线桩上。

(4) 灯座压接圈应顺时针弯曲,保证拧紧的时候不会使其松开。

(5) 漏电保护器的单极二线漏电断路器上有"N"标志,表示此接线端接零线即黑线。

4. 通电试验

(1) 检查电路

① 选择正确的挡位检测电路。

将万用表转至 Ω 挡中的×100 挡位,并短接表笔调零。

② 检测零线、火线、地线三线间有没短路。

在没装电灯等电器的情况下,将表笔放置在零线、火线端口处,观察电阻,电阻应该为 ∞,如果指针有摆动,证明有短路,如果为零,证明严重短路,零线和火线可能直接接在一起了。

③ 检测零线、火线、地线路上各点是否导通。

同一种线的点,在电路上是通的,如果有开关要进行关断试验。

④ 检测白炽灯是否安装正确。

在安装上灯泡后,此时零线、火线端口处电阻应为 500Ω。500Ω 是灯泡的电阻值,而且要进行开关试验。

提示: 电阻为 0 代表线路是通的,电阻∞代表是断路的。

(2) 通电试验

检查无误后,接通电源,拨动开关检查电路能否正常工作。

5. 故障检修

故障现象及故障检修方法见表 8-6。

表 8-6　常见故障现象及故障检修方法

故障现象	产生原因	检修方法
灯泡不亮	灯泡钨丝烧断	调换新灯泡
	灯座或开关接线松动或接触不良	检查灯座和开关的接线并修复
	线路中有断路故障	用电笔检查线路的断路处并修复
开关合上后漏电开关自动关闭	灯座内两线头短路	检查灯座内两线头并修复
	螺口灯座内中心铜片与螺旋铜圈相碰短路	检查灯座并校准中心舌簧
	线路中发生短路或漏电	检查导线绝缘是否老化或损坏并修复
	用电量超过容量	减小负载
灯泡忽亮忽灭	灯丝烧断,但受振动后忽接忽离	更换灯泡
	灯座或开关接线松动	检查灯座和开关并修复
	电源电压不稳	检查电源电压

五、注意事项

（1）接线端口只有一条线的,要弯羊眼并且顺时针放进接线端子内,以增加接触面。

（2）导线铜心进入端子以 1～1.5cm 为宜,而且不能露铜超过 2mm。

（3）每个接线端子只能装两条线,如果需要更多接线则转移到另外一个接口。两条线的应绞缠在一起再装进去。

（4）开关内部端口装线是按照左入右出、高入低出规则。

任务测评

任务完成后填写任务考核评价表,见表 8-7。

表 8-7　考核评价表

任务名称	安装照明电路配电板			姓名			总分		
考核项目	考核内容	配分	评分标准				自评	互评	师评
			优	良	中	合格			
知识与技能（50分）	（1）能掌握单控白炽灯电路的组成	5	5	4	3	2			
	（2）能熟悉单控白炽灯控制线路电气原理图	10	10	8	7	6			
	（3）能正确使用电工工具和仪表进行元器件检测	10	10	8	7	6			
	（4）能熟练进行单双控白炽灯电路接线及通电测试	15	15	12	10	8			
	（5）能运用万用表进行照明电路故障诊断与排除	10	10	8	7	6			

考核项目	考核内容	配分	评分标准				自评	互评	师评
			优	良	中	合格			
过程与方法(20分)	(1) 能借助信息化资源进行信息收集，自主学习	5	5	4	3	2			
	(2) 能够在实操过程中发现问题并解决问题	5	5	4	3	2			
	(3) 工作实施计划合理，任务书填写完整	5	5	4	3	2			
	(4) 能与老师进行交流，提出关键问题，有效互动	5	5	4	3	2			
情感态度与价值观(30分)	(1) 能与同学良好沟通，小组协作	6	6	5	4	3			
	(2) 态度端正，认真参与，遵守管理规定及劳动纪律	6	6	5	4	3			
	(3) 安全操作，无损伤、损坏元件及设备，并提醒他人	6	6	5	4	3			
	(4) 按时完成任务，工作积极主动	6	6	5	4	3			
	(5) 实训结束台面整洁，工具摆放整齐	6	6	5	4	3			
总　　计		100							

达 标 检 测

1. 判断题

(1) 交流电的大小和方向都随时间变化而变化。　　　　　　　　　　　　　　　　( )

(2) 周期与频率互为倒数，即 $f = \dfrac{1}{T}$。　　　　　　　　　　　　　　　　　　( )

(3) 周期和频率是从不同的角度反映的同一个问题：交流电随时间变化的快慢程度。　　　　　　　　　　　　　　　　　　　　　　　　　　　　　　　　　( )

(4) 初相反映了交流电开始变化的起点，与时间起点的选择有关，确定了正弦量计时开始的位置，初相规定不得超过 ±90°。　　　　　　　　　　　　　　　　　　( )

(5) 电容器具有隔交通直的特性。　　　　　　　　　　　　　　　　　　　　　　( )

(6) 电容是电容器的固有属性，它与电容器的极板正对面积、极板间距离以及极板间电介质的特性无关。　　　　　　　　　　　　　　　　　　　　　　　　　( )

(7) 电感的感抗与频率的关系可以简单概括为：通交流，阻直流，通高频，阻低频，因此电感也称为低通元件。　　　　　　　　　　　　　　　　　　　　　　　　( )

(8) 对于 RLC 串联电路，当 $X>0$ 时，即 $X_L>X_C$，$\varphi>0$，电压 u 比电流 i 超前 φ，称电路呈容性。　　　　　　　　　　　　　　　　　　　　　　　　　　　　( )

(9) 串联电路的谐振角频率是由电路本身的参数 L 和 C 所决定的，与电阻和外加激励电压无关。　　　　　　　　　　　　　　　　　　　　　　　　　　　　( )

(10) 发生谐振时电路导纳最小，且为电阻性。　　　　　　　　　　　　　　　　( )

2. 填空题

(1) 交流电动势、电压和电流的有效值分别用大写字母_____、_____和_____表示。

(2) 正弦交流电在 1s 内完成周期性变化的次数称为_____。

(3) _____表示在任意时刻线圈平面与中性面之间的夹角,它反映了交流电变化的进程。

(4) 正弦交流电在 $t=0$ 时的相位叫作_____,该值反映了交流电开始变化的起点。

(5) 正弦量有三种表示方法:_____、_____、_____。

(6) 两个同频率正弦量之间的相位之差,实际上等于它们的_____之差。相位差反映同频率正弦量变化的_____。

(7) 正弦交流电在单位时间内变化的弧度(或角度)数称为_____。

(8) RLC 串联电路中,电流为 $i=I_m\sin\omega t$,则根据 R、L、C 的基本特性可得各元件的两端电压_____、_____、_____。

(9) 电路的_____功率为电感和电容上的无功功率之差。

(10) RLC 串联电路中,当 $X>0$ 时,即 $X_L>X_C$,$\varphi>0$,电压 u 比电流 i 超前 φ,称电路呈_____。

3. 选择题

(1) 在我国的电力系统中,国家规定动力和照明用电的标准频率为( )Hz。

    A. 50   B. 60   C. 40   D. 100

(2) 关于纯电容交流电路,以下表述正确的是( )。

    A. 电压比电流滞后 120°   B. 电压比电流滞后 90°

    C. 电流比电压滞后 90°   D. 电流比电压滞后 120°

(3) 在 RLC 串联正弦交流电路中,已知 $X_L=X_C=20\Omega$,$R=20\Omega$,总电压有效值为 220V,电感上的电压为( )V。

    A. 0   B. 220   C. 73.3   D. 180

(4) 下列说法中,正确的是( )。

    A. 串谐时阻抗最小   B. 并谐时阻抗最小

    C. 电路谐振时阻抗最小   D. 电路谐振时阻抗最大

(5) 处于谐振状态的 RLC 串联电路,当电源频率升高时,电路将呈现出( )。

    A. 电阻性   B. 电感性

    C. 电容性   D. 以上均不正确

4. 应用题

(1) 简述单相交流电路的三要素。

(2) 简述交流电路最大值、有效值、瞬时值的含义。

(3) RLC 串联电路的性质如何进行区分?

(4) 谐振电路分为几种?试画出典型电路图。

(5) RLC 电路发生谐振的条件是什么?

(6) 简述并联谐振电路的特点。

项目

认识三相交流电路

 知识目标

(1) 能理解三相交流电的产生及表示方法;

(2) 能掌握三相交流电动势的相序及特点;

(3) 能熟悉三相交流电 Y 形连接和△形连接的特点。

 能力目标

(1) 能进行三相交流电的 Y 形连接和△形连接;

(2) 能区分三相交流电相电压、线电压、相电流、线电流的关系;

(3) 能进行三相交流电 Y 形连接和△形连接的相关计算。

 素养目标

(1) 能养成严谨细致、一丝不苟、实事求是的科学态度和探索精神;

(2) 能形成严谨认真的工作态度,具备工作岗位的安全操作意识。

 项目导入

三相交流电的应用十分广泛,如图 9-1 所示。在我国,民用供电使用三相电作为楼层或小区进线;工业用电多使用 6kV 以上高压三相电进入厂区,经变配电成为较低电压后以三相或单相的形式深入各个车间供电。三相交流电应用如此之广,它是如何产生的?
具有什么样的特点?接下来我们一起学习三相交流电的相关知识。

图 9-1　三相交流电网

任务 9.1　认识三相交流电

任务目标

（1）能理解三相交流电的产生及表示方法;
（2）能掌握三相交流电动势的相序及特点;
（3）能进行三相交流电的 Y 形连接和△形连接。

三相交流电源由频率相同、幅值相等、相位彼此互差 120°的三个单相交流电源按一
定的连接方式组合而成,而三相交流电路则是由三相交流电源供电的电路。

9.1.1　三相电动势的产生

1. 感应电动势的产生

在两磁极中间,放一个线圈,让线圈以 ω 的速度顺时针旋转,根据右手定则可知,线
圈中产生感应电动势,如图 9-2 所示,其方向由 A→X。合理设计磁极形状,使磁通按正弦
规律分布,线圈两端便可得到单相交流电动势。

$$e_{AX} = \sqrt{2}E\sin\omega t$$

2. 三相交流电动势

如果在定子中放三个线圈:A→X;B→Y;C→Z,其
中 A、B、C 为首端,X、Y、Z 为末端,那么三线圈空间位置各
差 120°。转子装有磁极并以 ω 的速度旋转,定子三相绕组

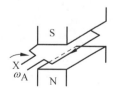

图 9-2　感应电动势示意图

切割转子磁场而感应出三相交流电动势,三个线圈中便产生三个单相电动势,如图 9-3 所示。三相交流电动势的特点如下:

(1) 幅值相等。

(2) 频率相同。

(3) 相位差 120°。

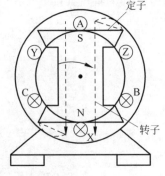

图 9-3　三相交流电动势

9.1.2　三相电动势的表示方法

1. 三角函数式

三相电动势可以用三角函数式表示,若设各相电动势的方向由相首指向相尾,并设 XA 相电动势的初相位为 0°,则可得

$$e_{XA} = E_m\sin\omega t, \quad e_{YB} = E_m\sin(\omega t - 120°), \quad e_{ZC} = E_m\sin(\omega t - 240°) = E_m\sin(\omega t + 120°)$$

2. 相量式

三相电动势的相量图如图 9-4 所示。

$$\dot{E}_A = E\angle 0°, \quad \dot{E}_B = E\angle -120°, \quad \dot{E}_C = E\angle 120°$$

图 9-4　相量图

3. 波形图

如果三个正弦交流电动势满足以下特征:最大值相等、频率相同、相位互差 120°,则称为对称三相电动势。对称三相电动势的瞬时值之和为 0,即

$$\dot{E}_A + \dot{E}_B + \dot{E}_C = 0$$

9.1.3　三相电动势的相序

相序即三相电源各相经过同一值(如最大值)的先后顺序。在图 9-5 中,正序(顺序):A—B—C—A;负序(逆序):A—C—B—A。以后如果不加说明,一般都认为是正相序。在实际工作中,通常采用黄、绿、红三种颜色标识三相电源。

9.1.4　三相电源的连接

通常三相发电机的三个绕组不是分别单独供电,而是按照一定的方式连接成一个整体。绕组的连接方式有 Y 形和△形。

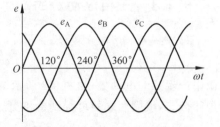

图 9-5　三相交流电动势波形图

1. Y 形接法

(1) Y 形接法又称星形接法,是把三相绕组的末端连接在一起,形成一个公共点 N,此点称为中性点,然后从三个始端引出三根导线,如图 9-6 所示。在低压系统,中性点通常接地,所以也称地线。

① 端线(火线):从始端引出的导线。

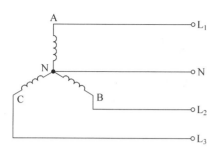

图 9-6 三相电源的 Y 形连接

② 中性点 N：三个末端的节点。

③ 中线：从中性点引出的导线。

④ 三相四线制：有中线，可提供两组对称三相电压。

⑤ 三相三线制：无中线，只能提供一组对称电压。

⑥ 相电压：端线与中线间的电压，$\dot{U}_A$、$\dot{U}_B$、$\dot{U}_C$。

⑦ 线电压：两根端线间的电压，$\dot{U}_{AB}$、$\dot{U}_{BC}$、$\dot{U}_{CA}$。

（2）相电压与线电压关系。如图 9-7 所示，相电压的参考方向规定为由相线指向中性线。线电压的参考方向由注脚字母的先后顺序决定，如 $\dot{U}_{AB}$ 的参考方向为由 A 端指向 B 端，书写时不能任意颠倒，否则，将在相位上相差 180°，相量图如图 9-8 所示。线电压的大小等于相电压的 $\sqrt{3}$ 倍。

$$\dot{U}_{AB} = \dot{U}_A - \dot{U}_B \rightarrow \dot{U}_A + \dot{U}_B + \dot{U}_C = 0$$

2. △形接法

△接法又称三角形接法，是把三相绕组的首端和末端依次相接，使其形成闭合回路，再从这三个连接点引出三根相线，如图 9-9 所示。这种只用三根相线供电的方式称为三相三线制。当三相绕组作△形连接时，线电压等于相电压。

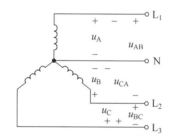

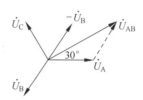

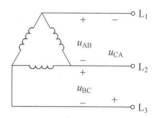

图 9-7 相电压与线电压关系　　图 9-8 相电压与线电压相量图　　图 9-9 三相电源的△形连接

知识拓展

三相功率表是应用数字采样技术，对三相电气线路中的相电压、线电压、相电流、线电流、有功功率、无功功率、视在功率、频率、功率因数、有功电能、无功电能等进行实时测量显示与控制的仪表，如图 9-10 所示。其采用大规模集成电路和高亮度长寿命的 LED 显示器，并通过 RS-485 接口或模拟量变送输出接口对被测量数据进行远传。具有可靠性高、准确度高的优点，广泛应用于工程测量。

图 9-10 三相功率表

任务 9.2　探究三相负载的连接

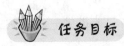

任务目标

(1) 能理解三相负载的概念及分类；
(2) 能熟悉三相交流电 Y 形连接和△形连接的特点；
(3) 能进行三相交流电 Y 形连接和△形连接的相关计算。

三相负载由三部分电路组成，每一部分称为一相负载。三相负载可以是一个整体，如三相电动机，也可以是独立的三个单相负载，如日常生活中的照明电路。

单相负载：概括起来说就是采用一根相线(俗称火线)外加一根工作零线(俗称零线)一起给用电器提供电源做功，此设备就称为单相负载。

三相负载：概括起来说就是采用三根相线给用电设备提供电源，使其做功，称为三相负载。在三相负载里面又可以细分为三相平衡负载和三相不平衡负载。区别为：三相平衡负载其各相电流均比较近似，而三相不平衡负载各相电流差别很大，电流过高的相线容易发热起火，从而引发电气火灾。

三相负载也有两种连接方式：Y 形和△形连接。

9.2.1　三相负载的 Y 形连接

Y 形连接时，三相负载的三个末端连接在一起，接到电源的中性线上，三相负载的三个首端分别接到电源的三根相线上即构成 Y 形连接，如图 9-11 所示。

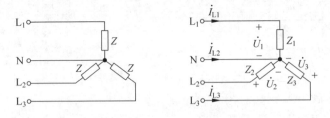

图 9-11　三相负载的 Y 形连接

如图 9-12 所示，其中 Z_1、Z_2、Z_3 为各相负载的阻抗值，若忽略输电线路上的电压降，则各相负载上的相电压等于电源的相电压，各相负载的线电压等于电源的线电压。因此，当三相电源对称时，如果负载对称，阻抗 $Z_1 = Z_2 = Z_3$，则为对称三相电路。那么三相负载的各相电压、线电压也是对称的，相电压为线电压的 $1/\sqrt{3}$，并滞后于对应的线电压 30°。把通过每相负载的电流称为相电流，三相电流分别用 $\dot{I}_1$、$\dot{I}_2$、$\dot{I}_3$ 表示，有效值用 I_P 表示。通过端线的电流称为线电流。则：

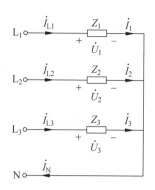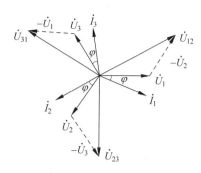

图 9-12 三相负载的 Y 形连接相量图

$$\dot{I}_1 = \frac{\dot{U}_1}{\dot{Z}_1}, \quad \dot{I}_2 = \frac{\dot{U}_2}{\dot{Z}_2}, \quad \dot{I}_3 = \frac{\dot{U}_3}{\dot{Z}_3}$$

对于三相对称电路而言，如图 9-13 所示。

电压关系：

$$\dot{U}_A = U\angle 0°$$

$$\dot{U}_B = U\angle -120°$$

$$\dot{U}_C = U\angle +120°$$

$$\dot{U}_A + \dot{U}_B + \dot{U}_C = 0$$

$$\dot{U}_{nN} = 0$$

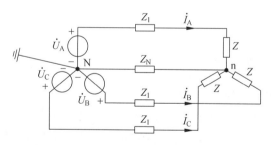

图 9-13 对称电路的 Y 形连接

电流关系：

$$\dot{I}_A = \frac{\dot{U}_A}{Z + Z_1}, \quad \dot{I}_B = \frac{\dot{U}_B}{Z + Z_1}, \quad \dot{I}_C = \frac{\dot{U}_C}{Z + Z_1}$$

对于 Y—Y 形电路来说：

（1）$U_{nN} = 0$，电源中点与负载中点等电位。

（2）中线电流为零。

（3）有无中线对电路没有影响。没有中线（Y—Y 连接，三相三线制），可加中线，中线有阻抗时可短路掉。

（4）对称情况下，各相电压、电流都是对称的。只要算出一相的电压、电流，则其他两相的电压、电流可按对称关系直接写出。

（5）各相的计算具有独立性,该相电流只决定于这一相的电压与阻抗,与其他两相无关。

（6）可以画出单独一相的计算电路,对称三相电路的计算可以归结为单独一相的计算。

例 9-1　已知对称三相电源的线电压为 380V,对称负载 $Z=100\angle 30°\Omega$,如图 9-14 所示,求线电流。

解　连接中线 Nn,取 A 相为例计算

设

$$\dot{U}_{AB}=380\angle 30°V$$

则

$$\dot{U}_{AN}=220\angle 0°V$$

$$\dot{I}_A=\frac{\dot{U}_{AN}}{Z}=\frac{220\angle 0°}{100\angle 30°}=2.2\angle -30°(A)$$

由对称性得

$$\dot{I}_B=2.2\angle -150°A$$

$$\dot{I}_C=2.2\angle 90°A$$

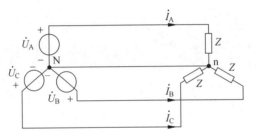
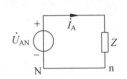

图 9-14　例 9-1 的图

9.2.2　三相负载的△形连接

△形连接时,每相负载的首端都依次与另一相负载的末端连在一起,形成闭合回路。将三个连接点分别接到电源的三根相线上,即形成三相负载的△形连接,如图 9-15 所示,△形连接相量图如图 9-16 所示。在△形连接中,无论负载是否对称,各相负载所承受的相电压均为电源的线电压。三相负载的三角形连接只能是三相三线制。

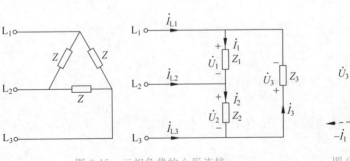

图 9-15　三相负载的△形连接

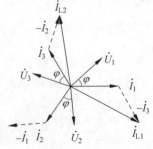

图 9-16　三相负载的△形
连接相量图

例 9-2　有一电源为星形连接,而负载为三角形连接的对称三相电路,已知电源相电压 $U_{PS}=220V$,负载每相阻抗 $|Z|=10\Omega$。试求负载的相电流和线电流以及电源的线电流和相电流的有效值。

解　由于电源为星形连接,故电源线电压:

$$U_{LS}=\sqrt{3}U_{PS}=1.73\times220=380(V)$$

忽略供电线路的阻抗,则负载线电压:

$$U_{LL}=U_{LS}=380V$$

负载三角形连接,则负载相电压:

$$U_{PL}=U_{LL}=380V$$

负载为三角形连接,故负载线电流:

$$I_{LL}=\sqrt{3}I_{PL}=1.73\times38=66(A)$$

电源只向一组三相负载供电,故电源线电流:

$$I_{LS}=I_{LL}=66A$$

电源为星形连接,故电源相电流:

$$I_{PS}=I_{LS}=66A$$

知识拓展

三相电力参数测试仪是电力系统电能计量和继电保护领域,进行二次回路现场检测的新一代仪表,如图 9-17 所示。其可以测量三相有功功率、有功功率因数、无功功率、无功功率因数、频率等电参数,并同屏以向量图或表格方式显示。彩色向量图细腻清晰,可以在每个向量上同时显示幅值和角度等多种信息,适用于电气设备制造、石油化工、钢铁冶金、铁路电气化、科研教学等部门。

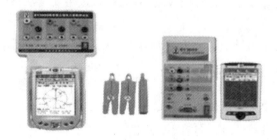

图 9-17　三相电力参数测试仪

项目小结

（1）三相交流电源由频率相同、幅值相等、相位彼此互差 120° 的三个单相交流电源按一定的连接方式组合而成。

（2）最大值相等、频率相同、相位互差 120° 的三相电动势称为对称三相电动势。对称三相电动势的瞬时值之和为 0,即 $\dot{E}_A+\dot{E}_B+\dot{E}_C=0$。

(3) 三相电动势可以用三角函数式、相量式、波形图表示。

(4) 相序即三相电源各相经过同一值(如最大值)的先后顺序。正序(顺序)：A—B—C—A,负序(逆序)：A—C—B—A。

(5) Y 形接法又称星形接法,是把三相绕组的末端连接在一起,形成一个公共点 N,此点称为中性点,然后从三个始端引出三根导线。在低压系统,中性点通常接地,所以也称地线。

(6) △形接法又称三角形接法,是把三相绕组的首端和末端依次相接,使其形成闭合回路,再从这三个连接点引出三根相线。这种只用三根相线供电的方式称为三相三线制。当三相绕组作△形连接时,线电压等于相电压。

(7) Y 形连接三相负载的各相电压、线电压也是对称的,相电压为线电压的 $1/\sqrt{3}$,并滞后于对应的线电压 $30°$。

(8) 每相负载的首端都依次与另一相负载的末端连在一起,形成闭合回路,将三个连接点分别接到电源的三根相线上,即形成三相负载的△形连接。

(9) 在△形连接中,无论负载是否对称,各相负载所承受的相电压均为电源的线电压。

技能训练 12　安装与测试三相异步电动机点动与连续控制电路

一、实训目的

(1) 能掌握三相异步电动机点动与连续控制电路的构成及工作原理。

(2) 能根据点动与连续正转控制线路的电路图,选用安装和检修所用的工具、仪表及器材。

(3) 能正确绘制三相异步电动机点动与连续控制电路的布置图和接线图。

二、实训要求

(1) 能用各种万用表正确检测各电器元件。

(2) 能正确安装、调试点动与连续控制电路。

(3) 能进行三相异步电动机点动与连续控制电路故障诊断与排除。

三、实训器材

1. 工具与仪表

安装与测试三相异步电动机点动与连续控制电路的工具与仪表见表 9-1。

表 9-1　工具与仪表

工具	测电笔、螺丝刀、尖嘴钳、斜口钳、剥线钳等常用电工工具
仪表	数字式万用表

2. 元件与器材

安装与测试三相异步电动机点动与连续控制电路的元件与器材见表9-2。

表 9-2 电器元件及部分电工器材

代 号	名 称	规 格	数量
M	三相笼型异步电动机	4kW、380V、△形接法、8.8A、1440r/min	1
QF	低压断路器	380V、20A	1
FU1	螺旋式熔断器	500V、60A、配熔体 25A	3
FU2	螺旋式熔断器	500V、15A、配熔体 2A	2
KM	交流接触器	20A、线圈电压 380V	2
KH	热继电器	20A、热元件 11A、整定电流 8.8A	1
SB1～SB3	按钮盒	按钮数 3	3
XT	端子板	15A、660V、5 节	3
	主电路导线	BV 1.5mm² 和 BVR 1.5mm²（黑色）	若干
	控制电路导线	BV 1mm²（红色）	若干
	按钮线	BVR 0.75mm²（红色）	若干
	接地线	BVR 1.5mm²（黄绿双色）	若干
	电动机引线		若干
	控制板		若干
	紧固体及编码套管		若干

按照表 9-1、表 9-2 准备元器件及工具并检查元器件的质量是否合格。包括：

(1) 检查电器元件外观应完好、无破损，附件、备件齐全。

(2) 用万用表检测各电器元件及电动机是否能正常动作。

(3) 检查各电气元件规格是否符合要求。

四、实训步骤

1. 安装电器元件

点动与连续控制电路图如图 9-18 所示。在控制板上安装电器元件，并贴上醒目的文字符号。

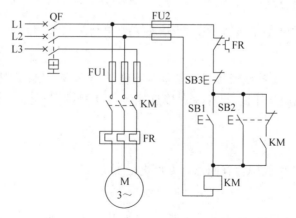

图 9-18 点动与连续控制电路

（1）各元器件的安装位置应均匀、整齐，间距合理，便于走线。

（2）断路器、熔断器的受电端子应安装在控制板的外侧，并确保熔断器的受电端子为底座的中心端。

（3）固定元器件时，用力要均匀，不得用力过大，以免损伤元器件。

2. 布线

进行线路连接，要求套接编码套管。

（1）布线原则

应遵循"先控后主，先串后并；从上到下，从左到右；上进下出，左进右出"的原则进行接线。

（2）工艺要求

① 布线通道要尽可能少，同路并行导线按主、控电路分类集中，单层密排，紧贴安装面布线。

② 同一平面的导线应高低一致或前后一致，不能交叉。非交叉不可时，该根导线应在接线端子引出时，就水平架空跨越，但必须走线合理。

③ 布线应横平竖直，分布均匀。变换走向时应垂直转向。

④ 布线时严禁损伤线芯和导线绝缘层。

⑤ 布线顺序一般以接触器为中心，由里向外、由低至高，先控制电路、后主电路的顺序进行，以不妨碍后续布线为原则。

⑥ 在每根剥去绝缘层导线的两端套上编码套管。所有从一个接线端子（或接线桩）到另一个接线端子（或接线桩）的导线必须连续，中间无接头。

⑦ 导线与接线端子或接线桩连接时，不得压绝缘层、不反圈及不露铜过长。

⑧ 同一元件、同一回路的不同接点的导线间距离应保持一致。

⑨ 一个电器元件接线端子上的连接导线不得多于两根，每节接线端子板上的连接导线一般只允许连接一根。

安装布线完成后根据电路图检查控制板布线的正确性。

3. 安装电动机

4. 连接电源及保护线

先连接电动机和按钮金属外壳的保护接地线，然后连接电源、电动机等控制板外部接线。

5. 自检

按电路图逐段核对接线及接线端子是否正确，有无漏接、错接之处。检查导线接点是否符合要求，压接是否牢固。同时注意接点接触应良好，以避免带负载运转时产生闪弧现象。

6. 交验

学生提出申请，经教师检查同意后方可进行下道工序。

7. 通电试车

（1）为保证人身安全，在通电试车时，要认真执行安全操作规程的有关规定，一人监护,一人操作。试车前,应检查与通电试车有关的电气设备是否有不安全的因素存在,若查出应立即整改,然后方能试车。

(2)通电试车前,必须征得教师的同意,并由指导教师接通三相电源 L1、L2、L3,同时在现场监护。

(3)合上电源开关 QF 后,用测电笔检查断路器出线端,氖管亮说明电源接通。

(4)按下启动按钮,观察接触器情况是否正常,是否符合线路功能要求,电器元件的动作是否灵活,有无卡阻及噪声过大等现象。但不得对线路接线是否正确进行带电检查。观察过程中,若发现有异常现象,应立即停车。

(5)出现故障后,若需带电检查时,必须在教师现场监护的情况下进行。检修完毕后,如需要再次试车,也应该在教师现场监护下进行,并做好时间记录。

(6)试车成功后,记录下完成时间及通电试车次数。

(7)通电试车完毕,停转,切断电源。先拆除三相电源线,再拆除电动机线。

8. 故障检修

故障现象及处理方法见表 9-3。

表 9-3 故障现象及处理方法

故 障 现 象	可 能 原 因	处 理 方 法
热元件烧断	负载侧短路,电流过大	排除故障,更换热继电器
	操作频率过高	更换合适参数的热继电器
热继电器不动作	热继电器的额定电流值选用不合适	按保护容量合理选用
	整定值偏大	合理调整整定电流值
	动作触点接触不良	消除触点接触不良因素
	热元件烧断或脱焊	更换热继电器
	动作机构卡阻	消除卡阻因素
	导板脱出	重新放入导板并调试
热继电器动作不稳定,时快时慢	热继电器内部机构某些部件松动	紧固松动部件
	在检修中弯折了双金属片	用两倍电流预试几次或将双金属片拆下来热处理以去除内应力
	通电电流波动太大,或接线螺钉松动	检查电源电压或拧紧接线螺钉
热继电器动作太快	整定值偏小	合理调整整定值
	电动机启动时间过长	按启动时间要求,选择具有合适的可返回时间的热继电器或在启动过程中将热继电器短接
	连接导线太细	选用标准导线
	操作频率过高	更换合适型号的热继电器
	使用场合有强烈冲击和振动	采取防振动措施或选用带防冲击、防振动的热继电器
	可逆转换频繁	改用其他保护方式
	安装热继电器处与电动机处环境温差太大	按两地温差情况配置适当的热继电器

续表

故障现象	可能原因	处理方法
主电路不通	热元件烧断	更换热元件或热继电器
	接线螺钉松动或脱落	紧固接线螺钉
控制电路不通	触点烧坏或动触片弹性消失	更换触点或簧片
	可调整式旋钮转到不合适的位置	调整旋钮或螺钉
	热继电器动作后未复位	按动复位按钮

五、注意事项

（1）安装接线必须严格按照安装的工艺要求。

（2）电动机按钮的金属外壳必须可靠接地。按钮盒内接线时不可用力过猛，以防螺钉打滑。

（3）接至电动机的导线，必须在导线通道内加以保护，或采用坚韧的四芯橡皮线或塑料护套线，然后进行临时通电交验。

（4）电源进线应接在螺旋式熔断器的下接线座上，出线应接在上接线座上。

（5）安装完毕，必须经过认真检查方可交验，通电试车时必须经过老师同意。

（6）实验应在规定的时间内完成。

任务测评

任务完成后填写任务考核评价表，见表9-4。

表9-4　考核评价表

任务名称	安装与测试三相异步电动机点动与连续控制电路		姓名				总分		
考核项目	考核内容	配分	评分标准				自评	互评	师评
			优	良	中	合格			
知识与技能(50分)	（1）能掌握点动与连续控制电路的组成	5	5	4	3	2			
	（2）能分析点动与连续控制线路的电路图	5	5	4	3	2			
	（3）能选用电工工具、仪表进行元器件的正确检测	10	10	8	7	6			
	（4）能正确安装、调试控制线路	15	15	12	10	8			
	（5）能进行控制电路故障诊断与排除	15	15	12	10	8			
过程与方法(20分)	（1）能借助信息化资源进行信息收集，自主学习	5	5	4	3	2			
	（2）能够在实操过程中发现问题并解决问题	5	5	4	3	2			
	（3）工作实施计划合理，任务书填写完整	5	5	4	3	2			
	（4）能与老师进行交流，提出关键问题，有效互动	5	5	4	3	2			

续表

考核项目	考核内容	配分	评分标准				自评	互评	师评
			优	良	中	合格			
情感态度与价值观（30分）	（1）能与同学良好沟通，小组协作	6	6	5	4	3			
	（2）态度端正，认真参与，遵守管理规定及劳动纪律	6	6	5	4	3			
	（3）安全操作，无损伤、损坏元件及设备，并提醒他人	6	6	5	4	3			
	（4）按时完成任务，工作积极主动	6	6	5	4	3			
	（5）实训结束台面整洁，工具摆放整齐	6	6	5	4	3			
总　计		100							

技能训练 13　安装与测试三相异步电动机正反转控制电路

一、实训目的

（1）能掌握三相异步电动机正反转控制电路的构成及工作原理。

（2）能正确选用正反转控制电路所用的工具、仪表及器材。

（3）能正确安装三相异步电动机正反转控制电路。

二、实训要求

（1）能用各种万用表正确检测各电器元件。

（2）能正确组装、调试正反转控制线路。

（3）能进行三相异步电动机正反转控制故障诊断与排除。

三、实训器材

1. 工具与仪表

安装与测试三相异步电动机正反转控制电路的工具与仪表见表9-5。

表 9-5　工具与仪表

工具	测电笔、螺丝刀、尖嘴钳、斜口钳、剥线钳等常用电工工具
仪表	数字式万用表

2. 元件与器材

安装与测试三相异步电动机正反转控制电路的电器元件及部分电工器材见表9-6。

表 9-6　电器元件及部分电工器材

代　号	名　称	规　格	数量
M	三相笼型异步电动机	4kW、380V、△形接法、8.8A、1440r/min	1
QF	低压断路器	380V、20A	1
FU1	螺旋式熔断器	500V、60A、配熔体 25A	3
FU2	螺旋式熔断器	500V、15A、配熔体 2A	2
KM1、KM2	交流接触器	20A、线圈电压 380V	2
KH	热继电器	20A、热元件 11A、整定电流 8.8A	1
SB1～SB3	按钮盒	按钮数 3	3
XT	端子板	15A、660V、5 节	3
	主电路导线	BV 1.5mm² 和 BVR 1.5mm²(黑色)	若干
	控制电路导线	BV 1mm²(红色)	若干
	按钮线	BVR 0.75mm²(红色)	若干
	接地线	BVR 1.5mm²(黄绿双色)	若干
	电动机引线		若干
	控制板		若干
	紧固体及编码套管		若干

按照表 9-5、表 9-6 准备元器件及工具并检查元器件的质量是否合格。包括：

(1) 检查电器元件外观应完好、无破损，附件、备件齐全。

(2) 用万用表检测各电器元件及电动机是否能正常动作。

(3) 检查各电气元件规格是否符合要求。

四、实训步骤

1. 安装电器元件

三相异步电动机正反转控制电路如图 9-19 所示。电器元件布置在控制板上并贴上醒目的文字符号，如图 9-20 所示。

(1) 各元器件的安装位置应均匀、整齐，间距合理，便于走线。

(2) 断路器、熔断器的受电端子应安装在控制板的外侧，并确保熔断器的受电端子为底座的中心端。

(3) 固定元器件时，用力要均匀，不得用力过大，以免损伤元器件。

2. 布线

根据图 9-21 所示接线图进行线路连接，要求套接编码套管。

(1) 布线原则

应遵循"先控后主，先串后并；从上到下，从左到右；上进下出，左进右出"的原则进行接线。

(2) 工艺要求

① 布线通道要尽可能少，同路并行导线按主、控电路分类集中，单层密排，紧贴安装面布线。

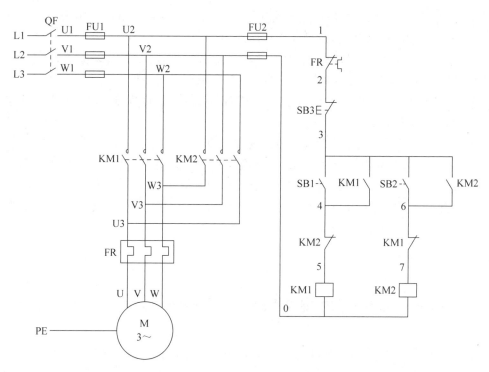

图 9-19 三相异步电动机正反转控制电路

图 9-20 正反转电路布置实物图

图 9-21 接触器联锁正反转电路按钮盒接线

② 同一平面的导线应高低一致或前后一致，不能交叉。非交叉不可时，该根导线应在接线端子引出时，就水平架空跨越，但必须走线合理。

③ 布线应横平竖直，分布均匀。变换走向时应垂直转向。

④ 布线时严禁损伤线芯和导线绝缘层。

⑤ 布线顺序一般以接触器为中心，由里向外、由低至高，先控制电路、后主电路的顺序进行，以不妨碍后续布线为原则。

⑥ 在每根剥去绝缘层导线的两端套上编码套管。所有从一个接线端子(或接线桩)到另一个接线端子(或接线桩)的导线必须连续,中间无接头。

⑦ 导线与接线端子或接线桩连接时,不得压绝缘层、不反圈及不露铜过长。

⑧ 同一元件、同一回路的不同接点的导线间距离应保持一致。

⑨ 一个电器元件接线端子上的连接导线不得多于两根,每节接线端子板上的连接导线一般只允许连接一根。

安装布线完成后根据电路图检查控制板布线的正确性。

接线要注意,起联锁作用的 KM1 动断触点与 KM2 线圈是串联的,起联锁作用的 KM2 动断触点与 KM1 线圈是串联的,接线中不能将其接反。电动机正反转的改变,是通过两个接触器主触点的接线变化来改变相序的,接触器主触点的接线必须正确,否则将会造成主电路中两相电源短路事故。

3. 安装电动机

4. 连接电源及保护线

先连接电动机和按钮金属外壳的保护接地线,然后连接电源、电动机等控制板外部接线。

5. 自检

(1) 按电路图或接线图逐段检查,从电源端开始,逐段核对检查接线和接点。

(2) 用万用表检查线路的通断情况。万用表选用倍率适当的电阻挡,并进行校零。断开 QF 摘下 KM1、KM2 的灭弧罩,用万用表 $R \times 1$ 挡测量检查以下各项。

① 检查主电路。断开 FU2 以切除辅助电路。检查各相通路;检查电源换相通路。

② 检查辅助电路。拆下电动机接线,接通 FU2,将万用表笔接于 QF 下端 U1、V1 端子作以下几项检查:检查正反转启动及停车控制;检查自锁线路;检查联锁线路;检查 KH 的过载保护作用,然后使 KH 触点复位。

(3) 检查安装质量,并进行绝缘电阻测量。

用兆欧表检查线路的绝缘电阻的阻值应不得小于 $1\mathrm{M}\Omega$。

6. 交验

学生提出申请,经教师检查同意后方可进行下道工序。

7. 通电试车

(1) 为保证人身安全,在通电试车时,要认真执行安全操作规程的有关规定,一人监护,一人操作。试车前,应检查与通电试车有关的电气设备是否有不安全的因素存在,若查出应立即整改,然后方能试车。

(2) 通电试车前,必须征得教师的同意,并由指导教师接通三相电源 L1、L2、L3,同时在现场监护。

在合上 QF 之前应进行以下试验。

① 正、反向启动、停车。

按下 SB1,KM1 应立即动作并能保持吸合状态;按下 SB3,使 KM1 释放。

按下 SB2,则 KM2 应立即动作并保持吸合状态;再按下 SB3,KM2 应释放。

② 联锁作用试验。

按下 SB1 使 KM1 得电动作；再按下 SB2，KM1 不释放且 KM2 不动作。

按 SB3 使 KM1 释放，再按下 SB2 使 KM2 得电吸合；按下 SB1 则 KM2 不释放且 KM1 不动作。反复操作几次检查联锁线路的可靠性。

③ 用绝缘棒按下 KM1 的触点架，KM1 应得电并保持吸合状态；再用绝缘棒缓慢地按下 KM2 触点架，KM1 应释放，随后 KM2 得电再吸合；再按下 KM1 触点架，则 KM2 释放而 KM1 吸合。

（3）在联锁电路中：断开 QF，接好电动机接线，再合上 QF，先操作 SB1 启动电动机，待电动机达到额定转速后，再操作 SB2，注意观察电动机转向是否改变。交替操作 SB1 和 SB2 的次数不可太多，动作应慢，防止电动机过载。

（4）出现故障后，若需带电检查时，必须在教师现场监护的情况下进行。检修完毕后，如需要再次试车，也应该在教师现场监护下进行，并做好时间记录。

（5）通电试车完毕，停转，切断电源。先拆除三相电源线，再拆除电动机线。

8. 故障检修

故障现象及处理方法见表 9-7。

表 9-7　故障现象及处理方法

故障现象	可能原因	处理方法
电动机正反转均缺相，KM1、KM2 线圈吸合均正常	主电路接线错误	正确连接主电路接线
	触点卡阻，接触不良	更换触点，紧固接线
	主电路熔断器熔体熔断	更换熔断器熔体
电动机正转缺相，反转正常，KM1、KM2 线圈吸合均正常	KM1 主电路回路中 U 相的线路或触点损坏	正确连接 KM1 接触器 U 相线路更换接触器 U 相触点
电动机正转正常，反转缺相，KM1、KM2 线圈吸合均正常	KM2 主电路回路中 V 相的线路或触点损坏	正确连接 KM2 接触器 V 相线路更换接触器 V 相触点
按正反转按钮，电机均不能启动	控制回路熔断器熔体熔断或接线松动	更换已坏的熔断器熔体或将导线紧固
	热继电器动断触点未复位或接线松动	复位热继电器动断触点紧固导线连接端
	停止按钮动断触点接触不良或导线松动	修复按钮触点或更换
正转或反转操作时，按下按钮能启动，松手即停转	接触器自锁触点断线或接触不良	处理或更换接触器动合辅助触点或紧固接线
正反转有一个方向可控制，另一方向不可控制	启动按钮动合触点接触不良	修复或更换按钮动合触点
	一只接触器的互锁动断触点接触不良	修复或更换接触器动断触点
	启动按钮互锁动断触点接触不良	修复按钮动断触点或更换按钮
	一只接触器线圈断线	更换接触器线圈
	导线断线或松动	连接和紧固导线

五、注意事项

(1) 安装接线必须严格按照安装的工艺要求。

(2) 电动机按钮的金属外壳必须可靠接地。按钮盒内接线时不可用力过猛,以防螺钉打滑。

(3) 接至电动机的导线,必须在导线通道内加以保护,或采用坚韧的四芯橡皮线或塑料护套线,然后进行临时通电校验。

(4) 电源进线应接在螺旋式熔断器的下接线座上,出线应接在上接线座上。

(5) 安装完毕,必须经过认真检查方可交验,通电试车时必须经过老师同意。

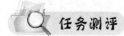 任务测评

任务完成后填写任务考核评价表,见表 9-8。

表 9-8 考核评价表

任务名称	安装与测试三相异步电动机正反转控制电路		姓名		总分		
考核项目	考核内容	配分	评分标准 优 良 中 合格		自评	互评	师评
知识与技能(50分)	(1) 能掌握正反转控制电路的组成	5	5 4 3 2				
	(2) 能分析正反转控制线路的电路图	5	5 4 3 2				
	(3) 能正确选用电工工具、仪表进行元器件的检测	10	10 8 7 6				
	(4) 能正确安装、调试和检修控制线路	15	15 12 10 8				
	(5) 能进行正反转控制电路故障诊断与排除	15	15 12 10 8				
过程与方法(20分)	(1) 能借助信息化资源进行信息收集,自主学习	5	5 4 3 2				
	(2) 能够在实操过程中发现问题并解决问题	5	5 4 3 2				
	(3) 工作实施计划合理,任务书填写完整	5	5 4 3 2				
	(4) 能与老师进行交流,提出关键问题,有效互动	5	5 4 3 2				
情感态度与价值观(30分)	(1) 能与同学良好沟通,小组协作	6	6 5 4 3				
	(2) 态度端正,认真参与,遵守管理规定及劳动纪律	6	6 5 4 3				
	(3) 安全操作,无损伤、损坏元件及设备,并提醒他人	6	6 5 4 3				
	(4) 按时完成任务,工作积极主动	6	6 5 4 3				
	(5) 实训结束台面整洁,工具摆放整齐	6	6 5 4 3				
总　计		100					

达 标 检 测

1. 判断题

（1）△形又称星形接法，是把三相绕组的末端连接在一起，形成一个公共点 N，此点称为中性点，然后从三个始端引出三根导线。　　　　　　　　　　　　　　（　　）

（2）在三相电源的星形接法中，线电压的大小等于相电压的 $\sqrt{3}$ 倍。　　（　　）

（3）当三相电源的绕组作△形连接时，线电压等于相电压。　　　　　　（　　）

（4）三相负载△接法时，相电压为线电压的 $1/\sqrt{3}$，并滞后对应的线电压 $30°$。（　　）

（5）三相负载的三角形连接有三相三线制和三相四线制。　　　　　　　（　　）

（6）当三相对称负载的额定电压等于三相电源的相电压时，则应将负载接成三角形。

　　　　　　　　　　　　　　　　　　　　　　　　　　　　　　　　　（　　）

2. 填空题

（1）三相交流电源由_____、_____、_____的三个单相交流电源按一定的连接方式组合而成。

（2）三相电动势的表示方法有_____、_____、_____。

（3）对称三相电源的星形连接时，线电压的相位超前于它所对应相电压的相位_____。

（4）三相电源相线与中性线之间的电压称为_____。

（5）三相电源相线与相线之间的电压称为_____。

（6）三相四线制电源中，线电流与相电流_____。

（7）三相对称负载三角形电路中，线电压与相电压_____。

（8）三相对称负载三角形电路中，线电流大小为相电流大小的_____倍，线电流比相应的相电流_____。

3. 选择题

（1）已知三相电源线电压 $U_L = 380\text{V}$，三角形连接对称负载 $Z = (6+j8)\Omega$，则相电流 $I_L = (\quad)\text{A}$。

　　A. 38　　　　　　　B. $22\sqrt{3}$　　　　　　C. $38\sqrt{3}$　　　　　　D. 22

（2）已知三相电源线电压 $U_L = 380\text{V}$，星形连接的对称负载 $Z = (6+j8)\Omega$，则相电流 $I_L = (\quad)\text{A}$。

　　A. 22　　　　　　　B. $22\sqrt{3}$　　　　　　C. 38　　　　　　　D. $38\sqrt{3}$

（3）已知对称三相电源的相电压 $u_A = 10\sin(\omega t + 60°)$，相序为 A—B—C，则当电源星形连接时线电压 u_{AB} 为（　　）。

　　A. $17.32\sin(\omega t + 90°)$　　　　　　　　B. $10\sin(\omega t + 90°)$

　　C. $17.32\sin(\omega t - 30°)$　　　　　　　　D. $17.32\sin(\omega t + 150°)$

(4) 对称正序三相电压源星形连接，若相电压 $u_A = 100\sin(\omega t - 60°)$，则线电压 $u_{AB} =$ ( )。

A. $100\sqrt{3}\sin(\omega t - 30°)$

B. $100\sqrt{3}\sin(\omega t - 60°)$

C. $100\sqrt{3}\sin(\omega t - 150°)$

D. $100\sqrt{3}\sin(\omega t - 150°)$

(5) 在正序对称三相相电压中，$u_A = U\sqrt{2}\sin(\omega t - 90°)$，则接成星形时，其线电压 u_{AB} 为( )。

A. $U\sqrt{6}\sin(\omega t - 60°)$

B. $U\sqrt{6}\sin(\omega t + 30°)$

C. $U\sqrt{2}\sin(\omega t - 30°)$

D. $U\sqrt{2}\sin(\omega t + 60°)$

(6) 在负载为星形连接的对称三相电路中，各线电流与相应的相电流的关系是( )。

A. 大小、相位都相等

B. 大小相等、线电流超前相应的相电流

C. 线电流大小为相电流大小的 $\sqrt{3}$ 倍、线电流超前相应的相电流

D. 线电流大小为相电流大小的 $\sqrt{3}$ 倍、线电流滞后相应的相电流

(7) 三相负载对称的条件是( )。

A. 每相复阻抗相等

B. 每相阻抗值相等

C. 每相阻抗值相等，阻抗角相差 120°

D. 每相阻抗值和功率因数相等

(8) 对于三相负载的 Y—Y 连接，下列说法错误的是( )。

A. Y—Y 连接中必须有中线

B. 对称情况下，各相电压、电流都是对称的

C. 各相的计算具有独立性，该相电流只决定于这一相的电压与阻抗，与其他两相无关

D. 中线电流为零

4. 应用题

(1) 什么情况下可将三相电路的计算转变为一相电路的计算？

(2) 三相负载三角形连接时，测出各相电流相等，能否说明三相负载是对称的？

(3) 对称三相电路中，为什么可将两个中性点 N、N′ 短接起来？

(4) 如何使电动机改变转向？

(5) 画出电动机联锁正反转控制线路的电路图。

(6) 某车床有两台电动机，一台是主轴电动机，要求能正反转控制；另一台是冷却液泵电动机，只要求正转控制，两台电动机都要求有短路、过载、欠压和失压保护，请设计满足要求的电路。

参 考 文 献

[1] 姚锦卫.电工技术基础与技能[M].北京：机械工业出版社,2014.

[2] 王艳春,王恒贵.电工电子技术[M].北京：中国电力出版社,2009.

[3] 周南星.电工基础及测量[M].北京：中国电力出版社,2010.

[4] 朱照红,谭星祥.电工技术基础与技能[M].北京：机械工业出版社,2015.

[5] 陈雅萍.电工技术基础与技能[M].北京：高等教育出版社,2014.

[6] 孟玉茹.电工电子技术及应用[M].北京：中国电力出版社,2013.

[7] 王兰君,黄海平,王文婷.电工实用技能手册[M].北京：电子工业出版社,2013.

[8] 周德仁.电工技术基础与技能[M].北京：电子工业出版社,2010.

[9] 王兆义.电工技术基础与技能[M].北京：机械工业出版社,2011.

[10] 文春帆.电工电子技术与技能[M].北京：高等教育出版社,2014 .

[11] 赵杰,孙永旺.电工技术基础与技能[M].北京：电子工业出版社,2015.

[12] 程红杰.电工工艺实习[M].北京：中国电力出版社,2014.

[13] 段刚.电工技术实验与实训[M].北京：机械工业出版社,2011.

[14] 董儒胥.电工电子选训教程[M].上海：上海交通大学出版社,2005.

[15] 王增茂,王正峰.电工电子技术基础与技能[M].北京：电子工业出版社,2015.

[16] 储克森.电工技术实训[M].北京：机械工业出版社,2009.

[17] 顾永杰.电工电子技术基础[M].北京：高等教育出版社,2012.